中国科普研究所2021年委托项目（项目编号：210107ECP047）研究成果

我的替身生涯：实验动物自述

秦 川 杨 师 著

科学技术文献出版社

SCIENTIFIC AND TECHNICAL DOCUMENTATION PRESS

·北京·

图书在版编目（CIP）数据

我的替身生涯：实验动物自述 / 秦川，杨师著. —北京：科学技术文献出版社，
2022.12

ISBN 978-7-5189-9894-4

Ⅰ.①我… Ⅱ.①秦… ②杨… Ⅲ.①实验动物—普及读物 Ⅳ.① Q95-49

中国版本图书馆 CIP 数据核字（2022）第 235319 号

我的替身生涯：实验动物自述

策划编辑：薛士兵　　责任编辑：刘英杰　张　睿　　责任校对：张永霞　　责任出版：张志平

出　版　者	科学技术文献出版社	
地　　　址	北京市复兴路15号　　邮编　100038	
编　务　部	(010) 58882938，58882087（传真）	
发　行　部	(010) 58882868，58882870（传真）	
邮　购　部	(010) 58882873	
官 方 网 址	www.stdp.com.cn	
发　行　者	科学技术文献出版社发行　全国各地新华书店经销	
印　刷　者	北京时尚印佳彩色印刷有限公司	
版　　　次	2022 年 12 月第 1 版　2022 年 12 月第 1 次印刷	
开　　　本	710×1000　1/16	
字　　　数	125千	
印　　　张	8.75	
书　　　号	ISBN 978-7-5189-9894-4	
定　　　价	36.00元	

作者简介

秦川，医学博士，北京协和医学院长聘教授，原中国医学科学院医学实验动物研究所所长，中国实验动物学会理事长，新发再发传染病动物模型研究北京市重点实验室主任，国际比较医学学会主席，中国女科技工作者协会副会长。长期从事重大及突发传染病基础及成果转化研究，主持科技部重大传染病防治专项动物模型项目，主持北京协和医学院的生物安全研究生课程，主持设计系列教学丛书，是国务院应对新型冠状病毒疫情联防联控机制科研攻关组专家，部分论文发表在 *Nature*、*Science*、*Cell* 等国际知名杂志上，曾获国家科技进步二等奖、全国三八红旗手标兵、最美科技工作者等奖励及荣誉称号。

杨师，笔名江山，毕业于中国协和医科大学临床医学专业，原北京协和医学院比较医学中心副研究员。原国家卫生部科学技术进步奖等多项获奖课题组成员，曾为中华预防医学会会员、中华中医药学会高级会员、中国营养学会会员、中国药膳研究会第三、第四届理事、中国科普作家协会会员、中国科普作家演讲团创团秘书长，北京科学技术普及创作协会第五届、第六届理事兼副秘书长，国际传统药物临床评价学会（ICEACM，加拿大联邦政府注册号1098602-0）常务理事，世界中医药学会联合会自然疗法研究专业委员会理事会第四届委员，中国老年保健协会第五届理事（自然医学分会、中医药传承与创新分会、营养代谢分会3个分会创会副会长），国际自然医学论坛组织委员会副主席，北京科技人才研究会创会会员。策划、编著并已出版数十本书。荣获 2018 中国国际科普作品大赛奖、国家科技部 2022 年全国优秀科普作品奖等多个奖项。

工作委员会

内容简介

　　本书以实验动物拟人自述的形式，概述了实验动物科学，把相对枯燥的国家重大科研成果涉及的方方面面内容有机地串联起来，将科技成果向原创科普作品转化，让读者对实验动物科学有一个基本认知。突出特点：一是内容权威，来自科研一线；二是贴近现实生活，实用；三是阅读方式轻松、愉快，通俗易懂；四是内容系统、全面；五是用案例培养科研思维；六是将科学健康生活方式、博物学、生态环保、生态文明、人与大自然的关系、哲学、现代科学读物、美术、摄影艺术有机地结合起来，满足读者多方位、多层次的阅读需求。本书适合广大读者阅读参考。

序　一

　　"科学的力量取决于大众对它的了解"。前沿科技成果若束之高阁、不被大众了解，就无法产生巨大的社会效益和经济效益。

　　将前沿科技成果及时转化为优质科普资源是比较医学院士专家科普创作工作室创作的初心。

　　本书旨在推动院士专家团队的科技成果或前沿科技成果转化为优质科普资源，开展原创优质科普内容创作，寄希望于为科技工作者开展科普提供借鉴。

中国工程院院士

河北医科大学法医学院院长

丛　斌

序　二

实验动物学属于交叉学科，在众多学科里，它是小学科大内涵，往往不为大众所熟悉，却与大众密切相关。

人类的健康及生活质量离不开人类替身实验动物的贡献，实验动物与人类健康息息相关。

"科技创新、科学普及是实现创新发展的两翼，要把科学普及放在与科技创新同等重要的位置。"

本书着力于挖掘反映科学方法传授、科学方法研究的小选题大寓意的选题。通过科技成果向原创科普创作转化典型案例，为原创科普精品生产提供案例支撑。

中国医学科学院

医学实验动物研究所首任所长

卢耀增

前　　言

习近平总书记强调，科技创新、科学普及是实现创新发展的两翼，要把科学普及放在与科技创新同等重要的位置上。科学家与科技工作者的双重身份即科学研究和科学普及决定了传播科学是其责任和义务，科学普及对其自身的科研业务也有帮助。

实验动物科学与人们的日常生活息息相关，与每个人都有关，是人生的必修课。因此，学生从小就应该有实验动物科学的概念和意识。

"科学的力量取决于大众对它的了解"。普及实验动物科学科技成果与知识，有利于提高全民科学素质；有利于消除人们对谣言的盲目恐慌，指导人们的日常生活；有利于社会稳定与发展。

书中生动简洁地介绍了实验动物科学知识，实则涉及生态环保、生态文明、人与大自然的关系、科学生活方式等。本书内容通俗易懂，旨在使人们深刻理解科普科学精神、科学思想、科学方法、科学思维方式、科学理念、科学人文精神。

编著一本科学合理、简便实用、能让人们快速了解实验动物科学概貌、适于广大读者阅读、科普实验动物科学及其前沿科技成果、以提高公众的科学文化素质为目的的科普读物很有必要，对国家、社会和个人都有益。

本书由全国建立3个"院士专家科普创作工作室"试点项目之一的比较医学院士专家科普创作工作室集体创作。比较医学院士专家科普创作工作室是中国实验动物学会整合科研院所、高等院校、医疗机构、学术社会团体组织、科学传播机构、企业等的院士资源和国家重大科技创新资源建立的，旨在推动知名院士专家团队的科技成果或前沿科技成果转化为优质科普资源，通过对科普创作工作室全流程的跟踪研究，探索科技成果向原创科普作品转化路径，为科技工作者开展科普提供借鉴，打造科技成果向原创科普创作转化典型案例，为原创科普精品生产提供案例支撑。

该工作室搭建了复合型团队，团队成员包括创作和传播两个类别。创作类成员体现出老中青年相结合，传播类成员具备调动国内主流媒体资源能力。

项目负责人是中国实验动物学会理事长、原中国医学科学院医学实验动物研究所所长秦川教授。团队由中国工程院院士、河北医科大学法医学院院长丛斌院士作为顾问，主要参与人员熟悉科普工作，具有良好的组织协调、管理执行能力。

该项目是在为进一步贯彻落实《全民科学素质行动规划纲要（2021—2035 年）》，深化科普供给侧改革，推动科技资源科普化，鼓励引导科技创新主体、相关企业和社会组织充分发挥科技资源科普功能，支持科技工作者围绕"四个面向"等重大题材开展优质科普内容创作的背景下开展的。

本书编写人员由实验动物学、人兽共患病及实验病理学、兽医学、病原学、病毒学、细菌学、微生物学、动物基因工程学、动物遗传育种学、病理学、生物安全学、病理生理学、生物信息学等专业的一线科研人员及健康管理专家、资深策划及咨询顾问专家、科学传播专家组成，他们是我国生物安全研究的主力，具有权威性。

该研究团队成员来自从事生物安全的科研院所、高等院校、医疗机构、科学传播机构、行业学术团体等，来自专门从事生物安全和生活安全方面研究、普及相关知识、编辑出版相关书籍的专业权威机构，覆盖生物安全主要专业，每个编写成员的选用均考虑其涉及的领域、学科、专业、水平，还考虑与生物安全之间的关联性等，分别属于生物安全研究、管理、教育、科技成果转化从业人员，具有代表性。

以智力与技术高度密集的优势为先导、专业为基础、科研为优势及"五化"（组织国队化、科研国际化、医教一体化、信息全球化、管理现代化）为特色，同时充分发挥专家云集、人才荟萃、信息畅通、联系广泛的整体优势，以创新的形式和内容为读者服务。

原中国科普作家协会积极活跃在科普领域一线的知名会员，长期致力于总结科学传播的智慧及经验，探索科学传播方法，积累科学传播经验，倡导传播科学自我育成方法学来传播科学，达到提高全民科学素质等；将"四科"即科学思维方式、科学理念、科学人文精神、科学技术知识，广泛传播至大众；将知名院士专家团队的科技成果及前沿科技成果转化为优质科普资源的科普图书。

本书具有以下特点。

（一）内容新颖鲜明

（1）属元科普的范畴。元科普是指前沿科学领域的一手素材、原创科普内容的新概念。一线科技工作者、科学传播人、科学家等原创弘扬科学精神、传播科学思想、倡导科学方法的作品，内容系统、全面，积极推动科普理念与实践双升级。

（2）属一切科普方法基础的科普。着力挖掘反映科学方法传授、科学方法研究的小选题大寓意的选题。

（二）形式创新

（1）创作手法独特有新意。本书采用科普创作三家合一模式组成有机合作的创作团队：科学家，科普作家，科学记者、编辑、出版家。科学家：生产科普内容（特指元科普）；科普作家：包装科普内容；科学记者、编辑、出版家：传播科普内容。将科学健康生活方式、博物学、生态环保、生态文明、人与大自然的关系、哲学、现代科学读物、美术、摄影艺术有机地结合起来，满足读者多方位、多层次的阅读需求。本书的编写力求简明、扼要、实用、重点突出，以实验动物拟人自述的创作方法，使枯燥的专业知识变得简单有趣，而且"三贴近"即贴近生活、贴近现实、贴近读者，语言生动流畅、富有特色和感染力。

（2）表现形式独特有新意。坚持思想性、科学性、艺术性、新颖性、独创性和实用性并举，注重自然科学与人文科学相结合、科学与艺术相结合，体现时代感。本书以文艺的载体，传播科学的理念。科学与人文有机结合，理性与感性有机结合；以科学事实为依据，内容科学、严谨、理性，传播方式生动、感性。用感性的创作方法，传播理性的科学内容，以达到新（原始创新、消化吸收再创新、集成创新）、特（特色、人无我有）、优（优质、人有我优、优中择优）的目的。

本书是中国科普研究所 2021 年委托项目（项目编号：210107ECP047）的研究成果，得以顺利出版受益于中国科普研究所"院士专家科普创作工作室"试点项目科普专项基金资助项目评委的充分肯定，专家的认可帮助，领导的大力支持，学会的信息支持，研究者的无私分享，编辑的严谨求实、敬业认真、辛勤付出，朋友的真诚鼓励，家人的理解支持、奉献协助，要感谢的人太多，无法一一提及，在此一并致以诚挚的谢意。

　　对本书有贡献或帮助的人太多，难免挂一漏万，敬请被遗漏者谅解，在交流信箱留言说明，以便今后再版时更正。

杨　师

于北京狮虎山居

交流信箱：yangshi1963@126.com

目　　录

第一部分　我是谁

一、自我介绍

生命科学，尤其是医学中很多问题尚未解决，科学家的使命就是想尽办法揭示、回答这些问题。人们口头经常问的哲学问题：我是谁？我从哪里来？我到哪里去？我也会问自己。

（一）我是科学研究的替身

替身生涯，你以为我说的是国外总统保镖的一生吗？不，我说的是人类替身的生涯。

人类替身？听起来像是在说大话吧？但我还真不是说大话。人吃五谷杂粮，总会有生病的时候吧？一旦生病就可能需要药物治疗。哪种药物有效哪种药物无效，总不能直接拿人试吧？这显然是不道德、不符合伦理的，甚至是对人类的犯罪。拿别的动物实验的结果不能说明人也是这个结果，众所周知，有种属的差异。这个时候，人类的替身就应运而生了。

作为替身，就得能尽可能模拟人类。当然，不是每一种疾病都能用同一种动物做实验，事实上，科研人员需要根据实验目的的不同，选择和人类相应最接近的动物进行医学实验。用于科学研究的动物种类非常多，主要有小鼠、
大鼠、豚鼠、地鼠、兔、犬和猴等，还包括猫、鸡、鸭、猪、马、羊、牛、旱獭、雪貂、土拨鼠，甚至蚊、蝇等动物。这里，不妨将所有被用于科学实验的动物统称为人类替身。对！我就是一个替人类接受实验的替身。我自报家门，身份证的名字叫实验动物。用途最广的是在医学领域，医学实验动物名扬天下。

其实，最好的"人类替身"是你们人类自己。生命科学发展最快、成果辈出的时期，都是人体实验最昌盛的时期。但人体实验付出的是各种各样

的悲惨后果，严重违背了医学、药学的良好初衷。随着人类文化、文明的发展，人类已经意识到人体实验的恶果和对人类社会的挑战，进而全面禁止任何形式的人体实验。我们作为人类自体实验的替代者，为人类的健康事业承受着各种实验带来的痛苦，绝大部分贡献出了生命。

我是人类的替身，是"舍己为人"的模范，是医学界的明星，是衡量药物价值"活的天平"。我是人类专角色、专项、专类、专病、专学科替身大家族成员。

（二）替身资格

不是我们动物大家族的每个成员都可以作为替身的，当然了，需要替身资格。

替身资格即标准化人类替身，以国家标准为依据，是指有清楚的微生物、寄生虫学背景（即体内病原微生物、寄生虫的携带状况）和遗传学背景（即品系和品种）的用于实验目的的动物，应该是合格安全的。千万不能使用来源不明的冒牌"人类替身"。

1. 取得替身资格"上岗证"的第一个要求

我是相对干净的。有"上岗证"的要排除三类病原体，这些病原体的分类是根据科学研究的需要界定的。

第一，我们身上如果携带能导致自身疾病的病原体，科学家正做实验呢，我们意外染病身亡会导致实验中断。因此，我们首先要排除的就是能导致我们患病的病原体。

第二，我们身上如果携带能导致人类患病的人兽共患病病原体，科学家正做实验呢，可能会让科学家意外染病身亡，那就酿成大事故了。所以，我们第二个必须要排除的，就是感染人的病原体。

第三，我们身上携带的病原体，如果影响了我们自身的免疫状态，导致实验系统紊乱，影响了实验结果，干扰了科学研究，显然也是不行的，所以，还要排除会干扰科学研究的病原体。

　　我们排除了这么多病原体，已经十分的"洁身自好"了，但还无法做到"出淤泥而不染"。在普通环境中微生物众多，很容易感染疾病。所以，我们的标准化家居、生活环境比人类的别墅条件还高级，比如，温度、湿度、洁净度、风速、照明、噪声、密度等环境技术指标都有严格的参数要求。我们要生活在特殊的"房子"中，这个房子是万级净化的，进入的空气需要三级过滤纯化，饮用水和食物要灭菌处理才能保证我们不感染病原体。

　　实验室环境如温度、湿度、洁净度等都可以对我产生影响，从而影响实验效果；我的营养状况则直接影响各种生理功能，因而对实验结果也有重要影响。因此，在替身实验中，应严格控制各种环境及营养因素，在饲养及实验过程中尽可能保持一致，以降低其对替身实验的影响，减少因此造成的实验结果偏差。

　　（1）温度

　　实验环境温度过高或过低，都能导致我机体抵抗力下降，使我易于患病，甚至死亡。当温度过低时，常导致大家族哺乳类成员性周期的改变；温度超过 30 ℃时，雄性替身出现睾丸萎缩、产生精子的能力下降，雌性替身出现性周期的紊乱、泌乳能力下降或拒绝哺乳、妊娠率下降。替身实验时最适宜的环境温度为 21～27 ℃。大家族成员各种替身甚至同种替身不同品系间最适宜温度都有差别。

　　（2）湿度

　　湿度过高或过低都会影响我的生长发育及健康状况。湿度过高，微生物易于繁殖；湿度过低，如低于 40% 易致灰尘飞扬，对我健康不利。空气的相对湿度与我的体温调节也有密切关系，在高温情况下其影响尤为明显。

　　（3）洁净度

　　粉尘可以引起我或饲养人员的鼻炎、咽喉炎、哮喘、皮炎等过敏性疾病，还是各种病原微生物的载体，可通过呼吸道、皮肤、眼、鼻黏膜或者消化道引起人的严重变态反应性疾病，出现不适感，导致鼻炎、支气管炎、气喘、尘肺和肺炎等疾病，甚至有生命危险。污浊的空气易造成呼吸道传染病的传播。空气中氨含量增多可刺激我的黏膜而引起流泪、咳嗽等，严重者可引起急性肺水肿、肺炎甚至死亡。防止化学制剂在我的食物、饮水和容器内的残留。垫料应无粉尘，吸湿性好，柔软舒适，无异味，无毒性，未被重金属及有毒有害物质、微生物、寄生虫等污染，无变质、腐败、霉变，不被我采食。

（4）风速

和人相比，我单位体重的体表面积一般均比人大，因此气流对我的影响也较大。气流速度过小，空气流通不畅，影响我体表散热，我易患病，甚至死亡；气流速度过大，我体表散热量增加，同样危及健康。我大多数被饲养在窄小的笼具内，其中不仅有大家族成员，还有排泄物，因此，我对空气的要求比人更高。空气定向流动是防止产生生物安全问题的重要手段。

（5）光照

光照与我的性周期有密切关系，光照过强易引起某些雌性替身的食仔现象和哺育不良。因此，应根据大家族成员不同种类替身的生活习性设置照明时间和光照强度。

（6）噪声

噪声可引起我紧张，并使我受到刺激，即使是短暂的噪声也能引起我在行为上和生理上的反应。大家族成员豚鼠特别怕噪声，可导致不安和骚动，引起孕鼠流产或母鼠放弃哺育幼仔。此外，我能听到人类所听不到的更高频率的声响，即我能听到较宽的音域，如大家族成员小鼠能听到频率为1000～5000 Hz的声响，而人类只能听到1000～2000 Hz的范围。噪声对我的影响不能忽视，不能超过60分贝。

（7）密度

我被饲养的密度不能过分拥挤，应有一定的活动面积，不然也会影响我的健康，对实验结果产生直接影响。各种替身所需要笼具的面积和体积因饲养目的而异，另有相应的国家标准。

（8）营养

我们吃的方面要求比人类更高。

由于除饮水外，饲料是大多数替身体内所需营养物质的来源。保持足够量的营养供给是维持我健康和保证替身实验质量的重要因素。充足的营养是我机体的基本需要和维持健康的先决条件，与其他各种因素相比，饲料营养则是我生长、繁殖及遗传和各种生物学特性得以充分表达的最直接、最重要的影响因素。我对外界环境条件的变化极为敏感，其中饲料对我的影响更为密切。我的生长、发育、代谢、繁殖、增强体质和抗御疾病等一切生命活动都与饲料有着直接的关系，我的生化指标、免疫反应等也与饲料有着密切的关系，我的某些系统和器官，特别是消化系统的功能和形态是随着饲料的品质而变异的。

饲料不仅要配合使用的目的，还要满足我的营养需要及喜好。饲料中所含营养全面与否、是否能满足我体内对各种营养素的需要等都对替身的质量产生重要影响。饲料中某些营养素缺乏或不平衡、饲料受到有毒有害物质的污染等都会造成我生长缓慢、发育不良、体重减轻或停止增长、繁殖能力下降，直至导致某些疾病的发生，从而对我的生产造成严重影响。替身品质不同，其生长、发育和生理状况都有区别，因而对各种营养素的要求也不一致。

除了上述要求，我们还需要得到良好的善待，即所谓的伦理、福利要求。

2. 取得替身资格"上岗证"的第二个要求

遗传背景是清楚的。遗传决定了我的生物学特性，自然界中的生物，遗传背景千差万别，随意抓来的无"上岗证"的同样如此，这种差别会导致实验结果参差不齐，影响科学家的判断。作为"活的天平"，我们实验结果必须要可靠、一致，因此，科学家培养了纯种的近交系小鼠，就是大家看到的笼子中饲养的白色小鼠，它的基因是高度纯合的，用这个品种的小鼠做实验得出的结果是一致的、可信的。

当然，世上的事情很难十全十美。纯系小鼠也是如此，它的缺陷是什么呢？大家可以思考一下。

3. 取得替身资格"上岗证"的第三个要求

微生物、寄生虫携带等级得有控制。替身微生物学等级分类按照病原微生物、寄生虫对替身致病性和危害性的不同及是否存在于我们体内，将我们分成普通级动物、清洁级动物、无特定病原体（specific pathogen free, SPF）级动物和无菌级动物。

实验鼠是人类替身大家族中最主要的成员之一。由于鼠与人类疾病特点相近似、遗传背景明确、解剖及生理特点符合实验目的的要求、不同种系存在的某些特殊反应、人兽共患疾病和传统应用等众多方面的因素，鼠成了人类最具替身资格的替难者。

为了保障科学研究的规范性，以大家族成员小鼠为代表的替身质量控制十分关键。因此，各个国家都有关于我们的相关法律法规、标准和规范等，所有的替身生产和替身实验活动，必须要遵守国家相关法律和标准。

（三）我是功臣

我对人类的贡献是通过动物实验，理论上讲是经过比较医学实现的。先说说什么是比较医学，比较医学是做什么的。

1. 比较医学极简史

比较医学的根本任务是通过相互对比研究，了解疾病发生机制、发展规律，寻找疾病诊断、预防、治疗的新途径。

比较医学源头可追溯到公元前4—3世纪，来源于兽医行业，当时兽医在组织、器官和整体水平上对不同种系的动物进行生理和病理异同的比较，从而找到致病因素。比较医学形成独立的新兴学科是在20世纪50年代初，美国借用兽医学的名词，用于人类疾病的比较。

从20世纪80年代初，美国就已在20多所著名的医学院校建立了比较医学系，使分散在各学科涉及比较医学的内容集中于比较医学这一新的学科中，发挥了边缘学科交叉优势。

一个学科的建立需要完备的相关资源和平台，比如相关的专家、研究生学位授予点、相关的人才梯队、相关的科研项目、专门的科研机构、专门的重点实验室、专门的核心期刊、相关的学术团体等。

在我国，比较医学学科发展迅速。有国家批复机构建制的独立研究机构——北京协和医学院比较医学中心，有部级重点实验室——国家卫生健康委员会人类疾病比较医学重点实验室，有培养高端专业人才的博士学位授予点——北京协和医学院比较医学博士专业，有已被列入科技部中国科技论文统计源期刊（中国科技核心期刊）——《中国比较医学杂志》《实验动物与比较医学》，有先于比较医学学科成立的国家一级学术社团组织——中国实验动物学会。

医学科学领域研究主要方法是依靠比较医学，集中体现的学科就是比较医学。比较医学研究的内容非常广泛，任何种类动物与人类健康和疾病进行的类比研究都是其研究范畴。比较医学的专业人才非常缺乏，目前国内仅北京协和医学院等极少数高等院校有资质可以培养少数的专业人才。

比较医学的研究内容包括横向比较（即医学与有关学科的比较）和纵向比较（即医学母系与其子系的比较），还要研究总体。可以发现共同规律，以利确定医学正确的发展方针，找出新的发展道路。

比较医学是对人类健康与疾病关系及其发生发展规律进行类比研究的科

学，已成为生命科学的重要前沿学科，是一门发展前景广阔、应用潜力巨大、生命力极强的学科。

诺贝尔奖获得者 G. D. Snell 博士说"比较医学是推动人类健康研究的焦点学科，比较医学永远站在生物医学发展的基础之上"，这是对发展比较医学有重要意义的最权威性论述。

近 50 年来，世界有许多项重大发现是通过比较医学获得的，有很多科研成果和科学发现获得了诺贝尔奖。

发展我国自主知识产权的医学研究成果和新药研发等有重要经济利益和社会意义的领域，比较医学成果是必不可少的。

2. 应用价值

生命科学的研究离不开我们。我们与仪器设备、所需信息、试剂共同构成生命科学研究的四个基本条件。

比如，超过 80% 的诺贝尔生理学或医学奖成果离不开我们。诺贝尔奖获得者受益依赖于我们。

人类疾病动物模型离不开我们。相互对比研究，了解疾病发生机制、发展规律，寻找疾病诊断、预防、治疗的新途径离不开我们。

新药和疫苗研发离不开我们。当今对付疾病的任何一种新药或疫苗，在进行人体实验前一定要经过替身实验。新药的研发必须通过大量的替身实验，进行严格的安全性、有效性评价，包括急性、亚急性和慢性替身实验、三致实验（致癌、致畸、致突变）。除药品外，许多生物制品如疫苗、血清等研发也离不开我们。很多不宜在人身上进行的实验，如烈性传染病研究、放射性疾病研究、毒性实验、致癌实验等都可由我们替代完成。所有人类使用的疫苗和药物，理论上都在我们身上验证了治疗效果和安全性。替身实验结果决定了是否允许制药企业开展人体临床试验。动物实验不仅要说清楚这种药物是否有治疗效果，还要系统揭示药物的急性毒性、长期服用毒性、对生殖系统影响、是否会成瘾等安全性问题。因此，我们被誉为衡量药物价值"活的天平"。而且通过相同病原体在不同动物身上的比较研究，有助于全面准确地了解人体疾病及各种生命现象的本质。

农业和畜牧业离不开我们。农药、化肥的安全性评价，特别是动物疫苗的制备、鉴定等都离不开有替身资格"上岗证"的我们。

食品与化工离不开我们。食品、保健品、化妆品等安全性评价都是在我们身上进行，证明对人体确实无急慢性毒副作用，无致癌、致畸、致突变作用后，才能生产和供应市场。

军事与国防离不开我们。军事医学的许多实验如核辐射、冲击波、爆炸伤、弹道伤、各种生化武器的损伤等，都是利用我们作为人类的替身来完成研究。在航天活动中，我们先于人类被送入太空替人冒险，研究高温、高压、失重、宇宙射线等对人体生理状态的影响。

3. 在新型冠状病毒（COVID-19）疫情期间的贡献

截至 2022 年 3 月 6 日，全球累计 COVID-19 感染确诊人数已达 4.45 亿，累计死亡人数超过 602 万。COVID-19 疫情迅速蔓延，给国家的经济带来巨大的损失，给人民的生命财产造成极大的威胁。

2021 年在北京展览馆举行的国家"十三五"科技创新成就展中就重点展示了依赖于我们取得的重大科技创新成果。

科学家证实血管紧张素转换酶 2（angiotensin-convert enzyme 2，ACE2）是严重急性呼吸综合征冠状病毒（severe acute respiratory syndrome coronavirus，SARS-CoV）和 COVID-19 共同的受体。中国医学科学院医学实验动物研究所（以下简称动研所）团队培育 ACE2 高度人源化的动物，体内证实了病毒受体，遵循 Koch 法则证实了 COVID-19 的病原体，再现了病毒感染、复制、宿主免疫和病理过程，率先构建了受体人源化小鼠和恒河猴模型，分别被科技部和 *Nature* 评价为国际最早的 COVID-19 动物模型，为各主攻方向突破了技术瓶颈。

知识环岛

Koch 法则：确定传染病病原体的金标准。证实一种传染病的病原体须满足 6 个条件。

从患者体内分离到病原。

可以培养获得。

证实病毒性病原的可滤过性。

病原感染动物后可以引起与临床相似的疾病。

可以从感染动物体内重新分离到病原。

检测到病原感染引起的特异免疫反应。

比如，SARS-CoV-2 如何感染人体？它是通过什么途径进入细胞内部的？病毒会在体内哪些器官内复制？人体免疫系统如何对抗这些入侵者？这些病

毒最终会对人体造成哪些损害？这些病毒如何在自然界传播？科学家要想研究清楚这一系列的问题，就只能用我们代替人类进行医学实验。

利用有替身资格"上岗证"的成员，揭示了 SARS-CoV-2 经呼吸道飞沫、密切接触、气溶胶、粪口、结膜等途径的传播能力，首创了 COVID-19 药物有效性的动物模型评价技术，评价了 130 种药物，筛选到 8 种有效药物或抗体，传播途径与药筛结果陆续纳入国家卫生健康委员会（以下简称卫健委）COVID-19 诊疗方案第二至第七版，为疫情防控和临床救治提供了实验依据；首创了 COVID-19 疫苗保护性的动物模型评价技术并向全球公布，完成了 80% 国家部署疫苗的评价，其中 11 种进入临床试验，包含第一个进入临床试验和第一个上市的疫苗。上述成果相关技术发表后被 *Cell*、*Nature*、*Science* 等期刊中的 200 余篇论文引用，入选 2020 年度中国生命科学十大进展。

在传染病防控方面，传染病是威胁国家生物安全和人类健康的头号杀手。传染病防控体系的动物模型平台，可以使作为替身的我们分别感染不同的重大和新发传染病。新型的传染病药物和历次新发传染病的疫苗，都是通过我们研发出来的。如果未来有传染病发生或者国际疫情输入的话，人们也可以第一时间研制出模型，及时对抗传染病，通过我们认识人类健康与疾病的本质，研发疫苗和药物，呵护人类健康。

我的功劳太多了，单纯从一个项目"人类重大传染病动物模型体系的建立及应用"的成果证明材料清单（表 1-1）就可以管中窥豹，略见一番。

表 1-1　"人类重大传染病动物模型体系的建立及应用"项目的成果证明材料清单

序号	成果证明材料清单
1	SARS-CoV-2 动物模型被科技部认定为国际最早
2	SARS-CoV-2 动物模型被 *Nature News* 认定为国际最早
3	SARS-CoV-2 动物模型创造的十二项国际第一查新报告
4	SARS-CoV-2 动物模型被 ICLAS 主席评论论文
5	SARS-CoV-2 动物模型研究入选 2020 年度中国生命科学十大进展
6	SARS-CoV-2 传播途径研究专家鉴定意见
7	SARS-CoV-2 传播途径研究纳入卫健委 COVID-19 诊疗方案第六版
8	NIH 主席对 SARS-CoV-2 免疫保护研究的评论
9	*The Scientist*、*Live Science* 等期刊对二次感染论文的评论

续表

序号	成果证明材料清单
10	SARS-CoV-2 的药效学合同目录
11	SARS-CoV-2 药物筛选结果纳入卫健委 COVID-19 诊疗方案第二、第三、第四、第五、第七版
12	COVID-19 疫苗保护性评价技术的 *Science* 论文查引报告
13	疫苗专班的动物模型优先保障疫苗研发的批文
14	评价的 COVID-19 疫苗清单
15	2020 年 SARS-CoV-2 CNS 研究论文国际排名第一
16	SARS-CoV-2 模型论文 The pathogenicity of SARS-CoV-2 in hACE2 transgenic mice
17	SARS-CoV-2 模型论文 Primary exposure to SARS-CoV-2 protects against reinfection in rhesus macaques
18	SARS-CoV-2 模型论文 Potent Neutralizing Antibodies against SARS-CoV-2
19	SARS-CoV-2 疫苗评价论文 Development of an inactivated vaccine candidate for SARS-CoV-2
20	SARS-CoV-2 传播途径论文 Ocular conjunctival inoculation of SARS-CoV-2 can cause mild COVID-19 in rhesus macaques
21	SARS-CoV-2 药物评价论文 Therapeutic efficacy of Pudilan Xiaoyan Oral Liquid（PDL）for COVID-19 in vitro and in vivo
22	论文 Transmission of Severe Acute Respiratory Syndrome Coronavirus 2 via Close Contact and Respiratory Droplets Among Human Angiotensin-Converting Enzyme 2 Mice
23	国家标准 实验动物新型冠状病毒（COVID-19）动物模型制备指南 GB/Z 39502－2020
24	SARS-CoV-2 检测专利
25	国家科学技术进步奖二等奖
26	"长江学者奖励计划"特岗学者
27	创新团队

续表

序号	成果证明材料清单
28	动物微生物监测哨兵鼠设置规范 – 2019.11.25
29	动物质量监控企业标准 – 2020.2.4
30	实验动物保种企业标准 – 2020.6.17
31	遗传修饰动物繁育、保种企业标准 – 2019.11.25
32	遗传修饰动物基因型鉴定标准 – 2019.12.27
33	专利 一种构建肝脏人源化小鼠模型的方法
34	专利 一种衰老及健康衰老相关的分子标志物及其在改善健康衰老中的应用
35	专利 免疫缺陷质粒的构建
36	专利 CILP2 在制备改善心脏衰老和心肌肥厚的药物中的应用
37	专利 一种 EZH2 可变剪切体及其应用
38	专利 一种肥胖表型分子标志物及其应用
39	EV71 疫苗评价方法
40	EV71 动物模型构建
41	专利 MHC 小鼠的构建
42	专利 DLL4 治疗肝功能衰竭
43	《实验动物疾病》专著
44	专利 犬流感病毒模型
45	论文 Intranasal infection and contact transmission of zika virus in guinea pigs
46	专利 手足口病病原多肽
47	团体标准 模型技术系列
48	专利 过继 DC 细胞方法
49	论文 Development of a Zika vaccine using a novel MVA-VLP platform
50	专利 树突状细胞
51	专利 单克隆抗体检测试剂
52	专利 石墨烯与 DC 细胞
53	专利 犬 H3N2 适应株模型

续表

序号	成果证明材料清单
54	专利　广谱流感疫苗
55	专利　一种嵌合人 HLA-DP 基因组区域的人源化转基因小鼠模型的构建方法
56	专利　分子信标等温扩增
57	专利　MHC 模型构建
58	专利　一种表达人鼠嵌合 MHCI 分子 HLA-A30 人源化转基因动物模型的构建方法
59	论文　Interleukin-37 ameliorates influenza pneumonia by attenuating macrophage cytokine production in a MAPK-dependent manner
60	论文　Human-Derived A/Guangdong/Th005/2017（H7N9）Exhibits Extremely High Replication in the Lungs of Ferrets and Is Highly Pathogenic in Chickens
61	论文　C5a receptor1 inhibition alleviates influenza virus-induced acute lung injury
62	论文　Adaptation of SARS-CoV-2 in BALB/c mice for testing vaccine efficacy
63	论文　A Mouse Model of SARS-CoV-2 Infection and Pathogenesis
64	专利　一种 HCV 四受体转基因合并 STAT1 敲除小鼠的制备方法（发明）-20201225

（1）国际上第一个构建了动物模型

疫情之初，我国 5 支研究团队先后开展并验证了 23 种人类替身对 SARS-CoV-2 的易感性，并探索模型构建和研制工作。创建国际第一个 SARS-CoV-2 动物模型，突破了致病机制研究和疫苗药物研发的关键技术瓶颈。在病原体确认、病毒受体、病理学、免疫学、传播途径方面取得了系列成果，写入卫健委 COVID-19 诊疗方案第二至第七版。

（2）促进临床科学救治

促进药物、抗体和疫苗研发快速突破。解决疫情初期的临床无药可用难题。动研所分别在 SARS-CoV 与中东呼吸综合征（middle east respi-ratory syndrome，MERS）疫情期间，用有替身资格"上岗证"的成员证实了 α-干扰素和洛匹那韦利托那韦等药物对 β 属冠状病毒的预防治疗效果。SARS-CoV-2 疫情发生的初期，α-干扰素和洛匹那韦利托那韦被立即写入卫健委 COVID-19 诊疗方案第二版和第三版，成为当时仅有的国家推荐药物，扭转了临床上无药可用的尴尬局面，解了燃眉之急。

创建从市售成药中筛选有效药物的动物模型评价技术与指标体系，完成了130余种药物的有效性评价，在国际上率先发现了在有替身资格"上岗证"的成员体内有减轻 SARS-CoV-2 肺炎炎症、改善临床症状作用的药物 8 种（包括中成药），包括蒲地蓝消炎口服液、金振口服液、连花清瘟胶囊/颗粒、化湿败毒方等，上述药物分别写入卫健委 COVID-19 诊疗方案的第四版、第七版，广泛服务于临床救治，部分药物出口，促进了国际疫情防控。

（3）揭示传播途径，促进疫情科学防控

在国际上第一个科学检测了 SARS-CoV-2 经呼吸道飞沫、密切接触、气溶胶、眼结膜、消化道等途径感染与传播的能力，写入卫健委 COVID-19 诊疗方案第六版，为疫情防控、消除恐慌、复工复产和恢复经济秩序提供了科学依据。

（4）保障我国在疫苗研发领域的领先

主导国家部署疫苗有效性的动物模型评价，评价疫苗 46 种。通过动物模型评价，指导了 6 种疫苗的生产工艺改进。评价的疫苗有 11 种进入临床试验，4 种进入Ⅲ期临床试验，包括全球第一个进入临床试验的疫苗。

（5）在致病机制研究方面取得了系列原创成果

在国际上第一个遵照 Koch 法则证实了引发 COVID-19 的致病病原体，确定了疾病病因，加深了对 COVID-19 病原学的认识，为疫苗研发、药物筛选、抗体研制等提供了科学基础。

在国际上第一个体内证实了 SARS-CoV-2 的入侵受体，为研究病原的入侵机制、研发靶点药物和抗体等提供了信息基础。

在国际上第一个公布了 COVID-19 的组织病理图片，加深了对 COVID-19 病理学的认识，为免疫调节药物研发提供了科学依据。

在国际上第一个证实了 SARS-CoV-2 感染引起的免疫反应可保护机体免受再次感染，为患者康复期管理、血清治疗和疫苗研发提供了科学基础。

累计创造了 12 个国际第一，具体内容见表 1–2。

4. 其他方面的贡献

我再给大家举几个例子。

第一个例子，是在传染病防控方面。传染病是威胁国家生物安全和人类健康的头号杀手。近 10 年来，我国几乎每 1～2 年就有 1 种新发传染病出现。近几年，对我国影响最大的新发传染病就有 SARS 和 H5N1、H7N9 等高

表1-2 12个国际第一及其证明材料

序号	取得的成绩	证明材料
1	国际第一个 COVID-19 转基因小鼠模型	*Nature*，2020
2	国际第一个遵循 Koch 法则证实了病原体	
3	国际第一个体内证实了病毒受体	
4	国际第一个揭示肺炎组织病理学特征	
5	国际第一个 COVID-19 恒河猴模型	*AMEM*，2020
6	国际第一个揭示了病毒传播途径	*JID*、*Nature communications*，2020
7	国际第一个证实了免疫对再感染保护作用	*Science*，2020
8	国际第一个完成了药物的动物模型评价	*STTT*，2020
9	国际第一个完成了抗体的动物模型评价	*Cell*，2020；*Cell*，2020
10	国际第一个疫苗的动物模型评价技术	*Science*，2020；*Cell*，2020
11	国际第一个完成了疫苗的动物模型评价	*Nature*，2020
12	国际第一个冠状病毒通用疫苗评价技术	*Cell*，2020

致病性禽流感及甲型 H1N1 流感、手足口病（EV71）疫情。国际上对我国有潜在威胁的新发传染病有中东呼吸综合征（middle east respiratory syndrome，MERS）、埃博拉出血热（ebola hemorrhagic fever，EHF）、寨卡病毒（zika virus，ZIKV）等。用流感病毒举例，已经说明了动物对传染病防控的重要性，在国家传染病防控体系的动物模型平台，我的大家族中不同的成员可以分别感染艾滋病（acquired immune deficiency syndrome，AIDS）、乙肝、结核、流感、EV71、SARS、ZIKV、狂犬病、幽门螺杆菌等不同的重大和新发传染病。新型的传染病药物和历次新发传染病的疫苗，都是通过这些替身研发出来的。如果未来有传染病发生或者国际疫情输入的话，科学家也可以第一时间研制出模型，及时对抗传染病。

第二个例子，是肠道菌群。两千年前，西方医学之父——古希腊希波克拉底言道："万病源于肠道。"而我国早在 1700 年前《肘后备急方》中，就有了用粪便治疗疾病的记载。实际上，人体肠道内细菌有 500～1000 种，推测细菌总数量是 100 万亿个，是人体细胞数量的 10 倍。因此，人实际上是人体细胞和肠道菌群形成的一个复合生物。目前发现，越来越多的疾病，包括心脑血管疾病、神经系统疾病、癌症、过敏、哮喘、糖尿病、肥胖、肠易激综合征等，都与肠道菌群相关。面对这种情况，爱思考的朋友们就会问：究竟是哪种细菌与疾病相关呢？譬如对于糖尿病，哪种菌是有益菌，哪种菌又是有害菌呢？有没有药物或方法提高有益菌数量，清除有害菌呢？要解决这些问题，还得需要小鼠。怎么做呢？实际上，科学家在20世纪80年代就开始了这项工作，当时，他们用无菌剖宫产和无菌胚胎移植手术，将小鼠体内的微生物全部清除掉，将它变成无菌小鼠。然后呢，在无菌小鼠体内植入特定的细菌，这样，它就变成了悉生小鼠。悉，是知悉的意思，顾名思义，就是知道这种小鼠体内含有哪些微生物。这样，就可以把与疾病可能相关的"细菌嫌疑犯"或益生菌从数百种细菌中分离出来，移植入无菌小鼠体内，研究这种"嫌疑菌"与疾病的关系，确定"罪犯"，再研发可以定向控制有害菌、增加益生菌的药物，通过调节并维持肠道微生态，来维护身体的良好健康状态。

第三个例子，是肿瘤研究。肿瘤主要通过机体T细胞免疫，人的肿瘤如果接种到小鼠体内，会出现免疫排斥反应，被小鼠的免疫系统清除，无法在小鼠体内研究人的肿瘤。怎么办呢？大家看这个新的小鼠。咦，咦，它的毛去哪里了？它叫裸鼠，是资历最老的T细胞免疫缺陷小鼠。由于它的免疫缺陷，所以无法有效排斥异种的移植物，人类的肿瘤细胞就能在它体内生长了。在很长一段时间内，科学家用裸鼠接种人的肿瘤细胞来研究肿瘤的转移和病理机制，筛选抗癌药物。后来，精准医疗出现了，精准医疗的原理是同病不同因，同病不同治。例如：同样是乳腺癌，不同患者的突变基因不同，目前发现至少180个基因突变与乳腺癌相关，不同的基因位点突变的患者，适合的靶点药物也不同，精准医疗的原理就是把对患者特异的药物精准的挑选出来。精准医疗是怎么做的呢？用一种免疫系统缺陷更严重的小鼠，直接将患者的肿瘤组织接种到小鼠体内，使它成为人源肿瘤移植模型。例如：小芳得了乳腺癌，将她的癌组织手术切下来，然后分别接种到30只小鼠体内，就有了30个同样患有乳腺癌的小鼠芳芳，这一群小鼠芳芳的肿瘤跟小芳是一样的，就可以将这群小鼠芳芳分成不同的组，代替小芳筛选有效药物，然后再给小芳使用。现在不光有药物，还有免疫治疗策略，可以将人的免疫系统通过干细胞移植的方法植入小鼠体内，使它变成携带小芳肿瘤的免疫系统人源化小鼠。说起来有些拗口，但这种小鼠既携带了人的肿瘤，又携带了人的免疫系统，可以用来研发 CAR-T、抗体等免疫治疗策略，大大提高患者生存率。在治疗过程中，癌组织可能会突变，就要不断制作小鼠芳芳二代、三代，一直陪小芳生长，有望将癌症变成可控的慢性病。

第四个例子，是复杂的糖尿病、心血管疾病、神经退行性疾病等慢性疾病。无论是生活经验观察，还是临床数据统计，都可以发现一条规律，在面对同样的疾病时，不同人患病的风险往往是不同的。比如说在同一次流感季中，有人容易被病毒感染，而有的人则不容易。同样的，在流感患者中，有人仅仅发生鼻塞、流涕等轻微症状，有人则会发生严重的高热、休克甚至呼吸衰竭。是什么原因造成了这种个体之间的差异呢？答案是遗传和环境因素的共同作用。环境因素是简单可控的，相比之下，遗传因素看起来则是神秘莫测的，而且是大量的基因在起作用，所谓多基因影响疾病。

这时候，就要培育新的多基因显性小鼠。这种新的小鼠，就是遗传多样性小鼠，这是由多个遗传背景差异非常大的祖先繁衍而来的小鼠群体，这个群体的遗传背景差异有多大呢？是 36 M 的基因多态性，这个数据代表什么呢？我可以告诉大家的是，它超越了地球上所有人类间的基因多态性，如同把地球上黑、白、棕、黄不同肤色人群的遗传特征集聚于一身，涵盖了超过90% 的疾病相关基因突变，它们像是一台高分辨率的放大镜，放大了人类疾病与遗传之间的关系，为揭示人类疾病背后的遗传学机制做出了巨大的贡献，适合于复杂疾病相关基因的定位、药物敏感相关基因的定位、传染病敏感基因的定位。比如，2014 年，EBOV 在西非肆虐，这是一种致死率极高的烈性传染病病毒。为了揭开 EBOV 感染机制的神秘面纱，遗传多样性小鼠挺身而出，帮助科学家们找到了与 EBOV 感染相关的基因。除了 EBOV，遗传多样性小鼠还被用于流感、糖尿病、胃癌、阿尔茨海默病（alzheimer disease，AD）等多个疾病的研究中，为疾病的相关基因筛选、靶点基因发现、早期诊断、靶点药物研发和精准医疗打开了一扇新的大门。

第五个例子，关乎人类和地球的未来。随着科技的发展，地球生态的演变，人类的未来不会被束缚于地球，目标是茫茫的星辰大海。宇宙的奥秘一直吸引着人类的目光。东方有盘古开天、嫦娥奔月，西方有太空之神、太阳神、月亮神。几千年以来，人类一直有摆脱地球引力去太空遨游的梦想。《流浪地球》会不会在遇到灾难时变成现实？科学家早已利用宇宙飞船、空间站等进入太空，探索宇宙。但是，进驻太空还有很多挑战。对于外太空，人类究竟是回归母体的婴儿，还是闯入的病原体？对于人类，是会遭遇太空温暖的怀抱，还是太空免疫系统的排斥？现在看来，后者的可能性更大。外太空与地球环境有很大不同，如微重力、强辐射等，这些会导致宇航员运动系统、心血管系统及神经、内分泌、免疫等系统功能的改变。此外，在太空中作业还面临着空间狭小、生物节律改变的影响。这种恶劣条件下，贸然将人类送上太空有极大的风险。那怎么办？小鼠等替身挺身而出！我们是最常用的评价空间环境对机体影响的人类替身，可以在实验室内，利用随机定位仪、悬吊等方式，模拟空间微重力效应导致的骨流失、代谢紊乱效应；利用地面重离子加速器等，模拟重离子辐射的损伤机制；模拟失重对听觉的影响；利用小空间饲养，研究长期狭小环境对神经系统的影响。获得足够的数据后，就可以送小鼠等动物到空间站中开展验证实验，获得的资料可用于开展全方位的人体空间损伤防护和修复方法的开发，为人类未来的太空之旅保驾护航，可以说，小鼠等动物是探索太空的先行者，为人类趟出了一条生命通道。

（四）如何读懂我

人类交流靠语言、行为等方式完成，我们也一样。但人类没有学我们的"语言"，你们听不懂，往往只有极少数科学家学过，比如，常说兽医是我们的代言人，他们似是而非能听懂一些，但还不能完全掌握。

我们知道人类几乎听不懂我们说的，但可以通过看我们的表现和动作了解一些我们表达的意思。

我们不同的表现和动作通过以下几个词也能了解我们想说的意思。如果不掌握基本概念的区别就会让我们交流障碍，我们会气急冒火，甚至恼怒、伤害你们，你们却还莫名其妙，不知怎么回事。

知识环岛

本能：指动物生来具备的、不必学习而可自动做出的有利于个体或种族的适应行为。要具有三要素：不是学习得来；物种特有；有适应性。

反射：指动物对外界或内部感觉刺激的一种反应。其特点是在刺激和反应之间有着极强的联系，在相同的条件下，同一刺激总是引起完全相同的反应。

动机：指动物在即将发生某一行为之前的内部待机状态。动机形成于动物的内部，是外来刺激、当时的生理状态、遗传和外部环境等多种因素所致。

冲动：指导致某种行为的内部状态和外在刺激的复合。可以将冲动看作持续的刺激，它能使动物在达到目的以前始终保持各种活动，达到目的时冲动才消失，这时生理要求下降，后来的刺激不再引起反应，其反应是暂时的，并局限于某种行为。

刺激：指外部环境引起动物发生反应。

我们和人类的行为与生存环境、种群间相互作用、种群内生存竞争、进化地位等多种因素有关，行为的不同与中枢神经系统的进化程度有关，但都具有如下特征。

知识环岛

遗传性。几乎所有的动物都具有与生俱来的、可以遗传的本能行为，如呼吸、疼痛、吸吮、摄食、母性等。

获得性。多种行为是在个体发育过程中通过各种学习活动而获得的。

适应性。为适应生存环境，不断地调整个体的思维、生理功能和行为。

社会性。动物界普遍现象，小到蚂蚁，大到大象，在群体内部都有不同水平的社会分工和社会组织。

（五）不可把我当宠物养

要提醒大家一下，千万不要把我们与家中饲养的宠物相提并论，同等看待，因为我们是为替代人类实验而生的动物，与自然界中的动物有很大不同。我们只适合生活在实验室和特殊动物设施内，洁净而娇嫩，敏感而脆弱。一旦从净化环境里出来，就会变成滋生细菌的温床，不宜与人同居一室，接触也可诱发疾病，不但不利于我们的健康，还会将疾病扩散，传播给主人。普通人无法驯化，我容易攻击人类。人为饲养可导致我逃逸，形成特殊种群，破坏非原产地的生态环境。

病原体研究使用的动物会威胁人类吗?

目前，全球正在流行的 COVID-19 疫情是继 SARS 之后最为惨烈的一次。为了弄清动物敏感性、建立模型等，科学家还要在实验室进行大量的科学实验，按照国际通用的 Koch 法则，还要将分离到的病原体回归感染动物，证实这种动物能够被感染，观察感染程度等。

这就涉及科学研究，特别是医学、生物学研究，往往使用各种类动物进行感染性研究。只有进行大量的动物感染研究，人们才能充分了解病原体的基本特性、烈性程度、致病机制、跨种属传播的可能性等，在此基础上还得建立适合的动物模型，才能进行药物筛选和疫苗评价。

总而言之，不能在人身上直接做实验，不进行替身实验，有些科学问题就不可能解决，就没法进行有效的科学防控和救治。烈性病原体如鼠疫耶尔森菌、天花病毒、麻疹病毒、EBOV、马尔堡病毒、尼帕病毒、SARS 病毒、人类免疫缺陷病毒（HIV）都进行过替身实验。

历史上确实发生过多起实验室事故，如实验人员被感染、病原泄漏、动物逃逸等情况。

历史发展到今天，全球不仅不得研制生物武器、开展人体实验，而且烈性病原体得到了良好的管控。即使在实验室开展这些研究，也会非常谨慎小心，体现在每个环节，比大家想象的要严格得多。

我国用于病原微生物研究的实验室按防护级别管理，分为生物安全 4 个等级，专业术语是 BSL-1 ~ BSL-4，动物实验室是 ABSL-1 ~ ABSL-4，也就是大家俗称的 P1、P2、P3、P4 实验室。P3、P4 属于高等级实验室，按烈性程度，P4 用于研究一类病原体，如 EBOV 等，P3 用于研究二类病原体，如 SARS 病毒等。

高等级实验室不仅要通过国家相关部门的强制认可，而且开展的每项动物感染实验还要得到相应的上级行政部门审批。

这类实验室非常坚固，内部像走迷宫，相邻的两个门也是互锁的，不能同时打开，而且只能向内打开，除非经过特别训练，目前最聪明的动物也不会拉门。别说动物逃逸，微小的气溶胶都得经高效过滤后才能释放。

使用的病原体保藏于专门的机构，实验室只有特批后的使用权，实验结束后必须销毁，不得保存。从进入实验室开始，它的行踪被严格记录，直到彻底销毁。使用的动物，必须经过严格的控制。科学家通常使用人类替身进行实验，这类动物有着严格的质量控制，包括遗传、微生物、寄生虫等。不得已也使用对病原敏感的各种动物，进入实验室之前都必须进行检疫，排除携带对实验室人员会有伤害的人兽共患病病原体。动物的数量、体重都会记录，直到实验结束，动物来源的标本、血液、尸体加起来都得和当初对账一致，以防丢失等。进去容易，出来难，动物的样本、分泌物、排泄物、尸体等要想移出实验室，必须强制高压消毒灭菌，确认灭活后才可以进入按医疗垃圾处置的程序。

这么严格的措施，就是要确保实验室安全和环境安全万无一失，确保病原体研究使用的动物不会威胁到人类。

二、我的大家族成员

我庞大的家族，成员各显神通。

实验医学之父伯纳德（Claude Bernard，1813—1878 年）发明了很多用于动物研究的方法技术，他曾经说："对每一类研究，我们应当仔细地指出所选动物的适当性，生理学或病理学问题的解决常常有赖于所选择的动物。"

我的专角色替身生涯从替身方式来说可以分为专项、专类、专病、专学科替身等。

专项替身主要考虑与人类疾病特点相近似，遗传背景明确，解剖、生理特点符合实验目的要求，不同种系存在的某些特殊反应，人兽共患疾病和传统应用等方面的替身。

专类替身主要指鱼类、两栖类、爬行类、鸟类、哺乳类、无脊椎动物等类别的替身。

专病替身主要指肿瘤、心血管系统疾病、呼吸系统疾病、消化系统疾病、神经系统疾病、寄生虫病、中医证型及其他疾病等方面的替身。

专学科替身主要指从事生理学、生物学、病理学、病毒学、药理学、免疫学、肿瘤学、放射生物学、遗传学、计划生育学、微循环学、皮肤病学、口腔医学、老年病学、营养学、器官移植学、实验外科学、中医中药学等方面的替身。

有替身资格"上岗证"的成员对医学科技创新、保障生物安全、疫苗与药物创新、医药产业发展有着重要作用。

研制药物和疫苗的前提是要有人类疾病动物模型。没有患有人类疾病且有替身资格"上岗证"的成员，就无法评价药物和疫苗的有效性，就无法得到有效药物和疫苗，疫情控制也就无从谈起。

说到有替身资格"上岗证"的成员，可不是那么容易，我们常被称为实验室中的"患者"，要让我们感染上 SARS-CoV-2，得上和人一样的病可不是一件容易事。

（一）啮齿类

1. 小鼠

人类和大家族成员小鼠各有 3.5 万个左右的基因，两者数量非常接近，其中 99% 以上相互对应，但人类的基因组较长，大约有 30 亿个碱基对，而小鼠有 25 亿个。同时基因的种类也有些不同，例如：与人类相比，小鼠有更多繁殖、免疫和嗅觉基因，并且前两种基因的演化也比人类快得多。

从进化角度看，人、鼠和犬曾拥有共同祖先，但犬大约在 9500 万年以前分离成一个独立物种。人类和鼠同时在大约 8700 万年前各自独立出来，因此鼠就进化关系而言与人类更近。

人类与小鼠的基因相似性使小鼠成为研究人类基因功能和疾病模型的分子遗传学基础。

自 17 世纪起，科学家们应用小鼠进行科学研究及替身实验。经过长期人工饲养、选择培育，已育成各具特色的远交群和近交系小鼠 1000 多个，是当今世界上研究最详尽、应用最广的人类替身。

小鼠对于多种毒素和病原体具有易感性，反应极为敏感，对致癌物质也很敏感，自发性肿瘤多。

小鼠的品种和品系很多，是人类替身中培育品系最多的动物。目前常用的近交品系小鼠有 250 多个，均具有不同特征。

品种、品系有近交系、封闭群、杂交一代动物（F1 代）等。

替身的兴趣爱好
喜欢做窝。 活动量大。 喜欢啃咬。

社会性要求。

群居性动物。

足够的空间。

适宜垫料的实心底板、磨牙的材料和遮掩物。

需要筑巢材料。

昼伏夜动，适宜的光线和照明系统。

清洁规则及清洁保护措施。

替身的看家本领

药物评价和毒性实验。小鼠广泛应用于药品的毒性及三致（致癌、致畸、致突变）实验、药物筛选实验、生物制品的效价测定等。

肿瘤学研究。许多近交系小鼠自发性肿瘤发病率很高，从肿瘤发生学来看，与人体肿瘤较为接近，用其作为治疗药物的筛选可能更理想。同时，小鼠对致癌物质敏感，可诱发各种肿瘤，是研究人类肿瘤的极好模型。另外，严重免疫缺陷小鼠如裸鼠可接受各种人类肿瘤细胞的植入，直接用于人类肿瘤生长、转移及治疗的研究。

传染性疾病研究。因小鼠对多种病原体敏感，易感染，常用于研究这些病原体的发病机制、临床症状及治疗。常用小鼠对人和小鼠共患疾病进行研究。

遗传学和遗传性疾病的研究。重组近交系小鼠用于研究基因定位及其连锁关系，同源近交系用于研究多态性基因位点的多效性、基因的效应和功能及发现新的等位基因，借助遗传工程技术制作人类遗传疾病的动物模型，探索疾病的分子遗传学基础和基因治疗的可能性和方法。

老年病学的研究。小鼠寿命短，传代时间短，随着鼠龄的增加，机体内的一些生理、生化指标不断发生变化，特别是高龄鼠中老年病明显增多，常用于糖类、脂质、胶原和免疫等方面的研究。

计划生育研究。小鼠繁殖力强，性周期和妊娠期短，生长快，常用于抗生育、抗着床、抗早孕、抗排卵等方面的研究。

> 免疫学研究。小鼠常用于单克隆抗体的制备和研究，免疫机制的研究。
>
> 其他应用研究。小鼠还可用于内分泌系统、呼吸系统和消化系统疾病的研究。

2. 大鼠

自 19 世纪初，美国 Wistar 研究所开发大鼠作为人类替身。

大鼠是除小鼠之外最常用的人类替身，近 200 年来，科学家利用它进行心血管疾病、高血压、心律失常、神经退行性变性疾病、糖尿病、自身免疫病、肿瘤、外科手术、外伤和器官移植等医学问题的研究，同时大鼠也是研究药效和毒性分析的重要人类替身。在药理学、内分泌学和营养学方面应用最为广泛。

大鼠基因组的测序有助于了解人类与大鼠的异同，指导医学研究的深入。大鼠的基因组有 27.5 亿碱基对，比人的 30 亿碱基对少，比小鼠的 25 亿碱基对多；大鼠、小鼠和人类的基因数几乎相同；对比大鼠、小鼠的序列可以看出，啮齿类在 1200 万～2400 万年前分化成了小鼠和大鼠，并证实啮齿类演化的速度比灵长类快。

大鼠被广泛应用于药物药理学、毒理学、营养学等的实验研究，在食品、药品和生物制品的安全评价中挑大梁。几乎所有药物的药理研究都会使用大鼠，各种药物的急性毒性试验、长期毒性试验、生殖毒性试验和药物依赖实验中都可以看到大鼠的应用。

替身的兴趣爱好

喜欢做窝。

喜欢啃咬。

昼伏夜动。

高度群居的动物。

适宜垫料的实心底板、磨牙的材料和遮掩物。

足够的空间和适当的光线。

清洁规则及清洁保护措施。

替身的看家本领

药物学及药效学研究。大鼠广泛应用于药品的毒性及三致（致癌、致畸、致突变）实验、药物筛选实验、药代动力学实验等。

行为学研究。大鼠体形合适，行为表现多样，情绪反应灵敏，适应新环境快，探索性强，可人为唤起和控制其动、视、触、嗅等感觉，神经系统反应方面与人有一定的相似性，所以在行为及行为异常的研究中用的很多。

老年病学研究。衰老的生理生化变化、胶原老化、饮食方式与寿命的关系研究。

心血管疾病研究。大鼠是研究高血压的首选动物，用于其发病机制和治疗的研究，但大鼠的结构功能、代谢与人类不完全相同。

内分泌疾病的研究。大鼠常用于研究各种腺体对全身生理、生化功能的调节；分泌激素腺体和靶器官的相互作用；激素对生殖生理功能的调控作用及计划生育；高脂血症及应激性胃溃疡、卒中、克汀病等与内分泌有关的研究。

微生物学研究。大鼠对多种细菌、病毒和寄生虫敏感，适宜复制多种细菌性和病毒性疾病模型。

营养学研究。大鼠对营养物质缺乏敏感，可出现典型缺乏症状，是营养学研究使用最早、最多的人类替身。

口腔医学研究。大鼠适宜研究龋齿与微生物、唾液及食物的关系，牙垢产生的条件，牙周炎；口腔组织生长发育及其影响因素；口腔肿瘤的发生和治疗等。

其他应用研究。大鼠的嗅觉灵敏，对空气中的粉尘、氨气、硫化氢等极为敏感，易引发呼吸道疾病。

3. 豚鼠

豚鼠，又称荷兰猪，最早是作为食用动物被驯养，后来又作为玩赏动物被广泛饲养。

1780 年，Laviser 首次用豚鼠作为人类替身。

替身的兴趣爱好

草食性动物。

群居性动物。

足够的空间。

适宜垫料的实心底板、磨牙的材料和遮掩物。

替身的看家本领

药物学研究。①皮肤刺激实验：豚鼠皮肤对毒物刺激反应灵敏，其反应近似人类，通常用于局部皮肤毒物作用的实验，如研究化妆品对局部皮肤的刺激反应。②致畸研究：豚鼠妊娠期长，胎儿发育完全，幼仔形态功能已成熟，可用于药物或毒物对胎儿后期发育影响的实验。③药效评价实验：豚鼠常用于药物药效的测试模型，测试局部麻醉药，是研究筛选镇咳药、各种结核病治疗药物的首选动物。

免疫学研究。①补体：老龄豚鼠血清中富含补体，是所有人类替身中血清补体含量最高的一种动物。②过敏反应或变态反应研究：豚鼠的迟发型超敏反应与人类相似。常用人类替身对致敏物质的反应程度不同，其顺序为豚鼠＞家兔＞犬＞小鼠＞猫＞蛙。

传染病研究。豚鼠对结核分枝杆菌有高度敏感性，感染后的病变酷似人类的病变，是结核分枝杆菌分离、鉴别、疾病诊断及病理研究的最佳动物。

耳科学研究。豚鼠听觉特别敏锐，能够识别多种不同的声音，听到的声域远大于人类，特别是对 700～2000 Hz 的纯音最敏感，存在可见的普赖厄反射，常用于听觉和内耳疾病的研究，如噪声对听力的影响、药物对听神经的影响等。

营养代谢研究。豚鼠是研究实验性坏血病的良好的有替身资格"上岗证"的成员。

其他应用研究。豚鼠对缺氧耐受力强，适合做缺氧耐受性和测量耗氧量的实验。也适用于妊娠毒血症、自然流产、睾丸炎及畸形等方面的研究。常用于悉生生物学的研究。不宜用于呕吐实验。

知识环岛

普赖厄反射：即听觉耳动反应，当有尖锐的声音刺激时，常表现为耳郭微动以应答。

4. 地鼠

地鼠又名仓鼠，1930 年起，地鼠作为人类替身。品系有近交系、突变系、远交群。

替身的兴趣爱好

杂食性动物。

贮存食物习性。

昼伏夜行。

好斗。

替身的看家本领

肿瘤学研究。地鼠是肿瘤学研究中最常用的动物，广泛应用于研究肿瘤的增殖、致癌、抗癌、移植、药物筛选、X 线治疗等。

微生物学研究。地鼠对病毒、细菌非常敏感，适宜复制疾病模型，进行传染性疾病的研究。

生殖生理研究。地鼠适用于生殖生理和计划生育的研究。

遗传学研究。地鼠是研究染色体畸变和染色体复制机制的极好材料。

糖尿病研究。地鼠易培育成糖尿病模型。

其他应用研究。地鼠还用于皮肤移植、龋齿、营养学、微循环、老化、冬眠、行为等生理学方面的研究。地鼠的颊囊是缺少组织相容性抗原的免疫学特殊区，可进行组织培养、移植人类肿瘤和观察微循环改变。

5. 长爪沙鼠

20 世纪 60 年代起，长爪沙鼠作为人类替身。

替身的兴趣爱好

食草动物。

昼夜活动。

替身的看家本领

微生物学研究。长爪沙鼠应用于幽门螺杆菌引起的胃炎、胃癌的研究，是目前发现极少数能发展为胃溃疡、胃癌，并能产生与人极相似的病理组织学改变的模型动物；是研究流行性出血热的良好模型动物；是研究丝虫病等寄生虫病的理想模型动物。

脑血管疾病研究。长爪沙鼠作为制备脑缺血模型的动物存在多种优势，比不同个体的对照更准确和方便，模型与人实际发生的脑缺血更吻合，有利于治疗实验和药物评价实验的进行。长爪沙鼠还是研究癫痫的理想的有替身资格"上岗证"的成员。

代谢病研究。长爪沙鼠的脂类代谢尤其是胆固醇代谢十分特别，对高血脂、胆固醇吸收和代谢方面的研究具有重要价值。长爪沙鼠糖代谢也很有特点，是研究糖尿病、肥胖症、牙周炎、龋齿及白内障的良好动物模型。

肿瘤学研究。长爪沙鼠容易接受同种和异种肿瘤移植物。

其他应用研究。长爪沙鼠有较强的抗辐射能力，可用于探查抗辐射机制。长爪沙鼠群体具有独特的行为和社会结构特征，可用于社会学、行为学、心理学等领域的研究。长爪沙鼠有很强的蓄铅能力，可用于肾功能病变研究及急性铅中毒研究。长爪沙鼠对缺水的耐受力极强，可利用其饮水量和尿量的关系研究肾功能。

（二）兔

替身的兴趣爱好

食草类动物。

群居性动物。

夜行性和嗜睡性。

食粪性。

替身的看家本领

发热研究和热原实验。兔的体温变化灵敏，最易产生发热反应，且发热反应典型、恒定，可广泛应用于药品、生物制品等热原实验及发热、解热机制研究。

免疫学研究。兔血清制品广泛用于人畜各类抗血清和诊断血清的研制。

心血管疾病和肺源性心脏病研究。兔很适合做急性心血管疾病实验，是复制心血管疾病和肺源性心脏病的有替身资格"上岗证"的成员。兔对外源性胆固醇吸收率为 75%~90%，对高血脂清除能力较低，形成的高脂血症、主动脉粥样硬化等病变与人类的病变极为相似。

生殖生理和避孕药研究。利用兔可诱发排卵的特点进行各种研究。也用于避孕药的筛选研究。

眼科研究。兔是眼科研究中常用的人类替身。

其他应用研究。兔还用于遗传性疾病和生理代谢失常的研究；皮肤反应实验：兔皮肤对刺激敏感，反应近似于人；微生物学研究：兔对多种微生物都非常敏感，用于研究人体相应疾病；兔不宜选作呕吐实验，不宜做甲状旁腺切除术。

（三）犬

17 世纪起开始用犬进行医学研究，20 世纪 40 年代起用犬作为人类替身。

犬不仅是人类的朋友，也是重要的人类替身之一。由于长期选择性繁殖，许多品种的犬很容易患有与人类同样的基因疾病，如癌症、心脏病、聋哑、失明和免疫性神经系统疾病等 360 多种，犬的遗传疾病与人类疾病相似。

犬的基因含有大约 25 亿个碱基对，约有 1.93 万个基因，其中至少有 18 473 个与已识别的人类基因相同。因此，绘制犬基因组图谱并将其与人类基因组图谱进行比较分析，对寻找人和犬的致病基因都将起到有力的促进作用。

犬适应性强，经调教可与人为伴，能理解人的指令，但有时仍表现出异常的攻击性行为。这种看似犬的反常行为，其实是犬的正常反应。

为了让人与犬和谐共处、避免伤害，人们需要更多地从科学的角度了解动物行为学及犬的特性。

1895 年，达尔文《物种起源》的发表对动物行为学的研究产生了深远的影响，他的《人类的由来》比较了人和动物的本能行为。

人类对动物行为的观察、关心及应用已经有相当长的历史，但用科学的方法加以观察和研究使之成为独立的学科，则是 20 世纪后期的事。

犬有不同的神经类型，因此形成不同的性格。巴甫洛夫将犬分为兴奋型、活泼型、安静型和抑制型四种神经活动类型。动物的动作有些是反应，有些是本能，有些是冲动，有些是反射，是在不同的动机、不同的刺激下表现出的不同行为。动物行为非常复杂，与生存环境、种群间相互作用、种群内生存竞争、进化地位等多种因素有关。

反常行为。当饲养管理不能满足犬的生理、社会需要时可导致其异常行为产生。养犬人应密切关注犬的行为，如出现有踱步、转圈之类的异常刻板行为，应全面排查饲养管理情况，确保饲养及管理符合犬的习性要求，发现问题及时纠正，确保犬的身心健康。

攻击行为。攻击行为除了伤害人，还破坏犬的健康和生活的安宁。养犬人要仔细查看其诱因是否可以避免或改变喂养方式。例如：在饲养管理时喂养及清洗会刺激犬的兴奋性；在饲养过程中，与其他圈中的犬有接触；缺乏可见度，尤其在犬能听到但却看不到外界发生的事件时；犬之间争夺各自空间及资源、分离原配对或群体等。尤其值得注意的是，将相近年龄、大小及相同性别的犬养在一起时，由于犬之间条件过于均等未能形成等级差别，将会持续长期争斗，喂养者应在不引起严重伤害的前提下，让犬自行解决等级分配，这会带来长期的和谐、安宁，不可过早干预、人为扶弱抑强、扰乱群体中的等级秩序。

替身的兴趣爱好

极度的群居性动物。

爱活动。

喜欢嚼啃。

实心的底板，平坦但不光滑。

游戏娱乐。

足够的运动场地。

可调教。

替身的看家本领

实验外科学研究。犬广泛用于实验外科各个方面的研究。

基础医学实验研究。犬是目前基础医学研究和教学中常用的动物之一，尤其在生理、病理等实验研究中起着重要作用。

人类传染性疾病研究。

药理学和毒理学研究。

其他应用研究。犬的嗅脑、嗅觉器官和嗅神经极为发达，鼻黏膜上布满嗅神经，能够嗅出稀释1/1000万的有机酸，特别是对动物性脂肪酸更为敏感，嗅觉能力超过人1200倍。犬的听觉也很敏锐，比人灵敏16倍，可听范围为15~55 000 Hz，不仅能分辨极为细微的声音，而且对声源的判断能力也很强。犬的视觉较弱，视力仅20~30米，是红绿色盲。

（四）猫

19世纪末开始应用于实验。

替身的兴趣爱好

天生的神经质。

性情急躁。

替身的看家本领

生理学研究。猫具有极敏感的神经系统，是脑神经生理学研究的绝好人类替身。

药理学研究。

循环功能的急性实验。

中枢神经系统功能、代谢、形态研究。

猫的呕吐反射敏感，适宜进行呕吐反射方面的实验。

猫的大脑和小脑发达，平衡感觉和反射功能发达，角膜反射敏锐。

其他应用研究。猫是寄生虫病研究很好的模型，也是研究人类畸胎学、肿瘤学、老年学、行为学的有替身资格"上岗证"的成员。猫还用于眼科、遗传疾病、免疫缺陷病等研究。

（五）小型猪

小型猪在解剖学、生理学、疾病发生机制等方面与人极其相似。

20 世纪 50 年代起，小型猪作为人类替身。

替身的兴趣爱好

杂食性动物。

群居性动物。

爱干净。

排泄有规律。

替身的看家本领

皮肤烧伤的研究。小型猪的皮肤结构与人类最相似，包括表皮与真皮的厚度和相对比例、皮下脂肪层等特点，是皮肤烧伤、冻伤、创伤等研究的较理想模型。

心血管疾病研究。小型猪是研究动脉粥样硬化理想的有替身资格"上岗证"的成员。

糖尿病研究。小型猪是糖尿病研究中很好的模型动物。

发育生物学和畸形学等的研究。仔猪是发育生物学、畸形学、儿科学研究的理想的有替身资格"上岗证"的成员。

口腔学科研究。小型猪的牙齿解剖结构与人类相似，饲喂致龋齿食物可产生与人类一样的龋损，是复制龋齿的良好的有替身资格"上岗证"的成员。

药理学研究和新药研发及安全性评价。

外科学、异种移植研究。小型猪的肾脏结构、心脏结构等与人体相似，是最理想的异种器官供体。

其他应用研究。小型猪还用于医疗器械生物效能测试及安全性评价、生物制品研制，以及应用猪血制备人用纤维蛋白封闭止血剂、转基因克隆。小型猪嗅觉非常发达。

（六）非人灵长类

非人灵长类动物与人类的遗传物质有95%~98.5%的同源性，生物学特征和行为特征与人类相似，它是解决人类健康和疾病问题的基础研究及临床前研究的重要人类替身。

1. 黑猩猩

黑猩猩与人类在基因上的相似程度达到96%以上。两基因组的DNA序列相似性达99%，即使考虑到DNA序列插入或删除，两者的相似性也有96%；人类与黑猩猩有29%的共同基因编码生成同样的蛋白质。人类与黑猩猩还都拥有一些变异很快的基因，比如涉及听觉、神经信号传导、精子生成、细胞内离子传输的基因。与其他动物相比，人类与黑猩猩还共同拥有一些易于引起病变的基因。

2. 猕猴

主要种类是恒河猴，是一种相对古老的灵长类动物，其基因与黑猩猩及人类的基因相似度约为97.5%。

猕猴在组织结构、生理、免疫和代谢功能等方面同人类极相似，其替身实验最容易解决与人类相似的发病机制和防治问题。

替身的兴趣爱好

素食为主的杂食性动物。

活泼好动。

社会性和地位等级。

群居性强。

替身的看家本领

传染病研究。灵长类动物可以感染人类所有的传染病，比如病毒性疾病、细菌性疾病、寄生虫病等。

营养代谢和老年病研究。灵长类动物在正常代谢、血脂和动脉粥样硬化疾病的性质、部位、临床症状及各种药物的疗效等方面，都与人类非常相似。

生殖生理研究。灵长类动物的生殖生理与人类非常接近，是人类避孕药研究极为理想的人类替身。

行为学和精神病及神经生物学研究。

环境卫生公害研究。比如，灵长类动物大气污染有替身资格"上岗证"的成员、重金属类的环境污染模型、农药的环境污染模型和微生物产物的环境污染模型。

其他应用研究。猴的视觉比人类敏感，有色觉和立体视觉，听觉敏感，有发达的触觉和味觉。但嗅脑不发达，嗅觉不灵敏。

（七）鸟类

1. 鸡

1789 年起，鸡作为人类替身。

替身的兴趣爱好

喜欢群居。

具有神经质特点。

食性广泛。

具有营巢、换羽、孵卵、育雏等习性。

怕热、怕潮湿。

觅食行为。

栖息行为。

替身的看家本领

疫苗生产和鉴定。鸡胚是生物制品生产的重要原料。鸡胚可用于病毒的培养、传代和减毒，常用于病毒类疫苗的生产鉴定和病毒学研究。

药物评价。

内分泌学与性激素研究。

发育生物学研究。鸡的胚胎发育是在体外完成的，鸡胚是研究动物胚胎早期发育、组织器官分化、基因表达调控等科学问题的良好模型。

免疫学研究。鸡的免疫系统具有基础免疫学研究的模型优势。

营养学研究。

其他应用研究。比如传染病学、肿瘤学、老年病学、遗传学、毒理学、环境污染等研究。

2. 鸽

替身的兴趣爱好

喜欢群居。

领域行为。

飞翔能力强。

一夫一妻终身配对制。

很强的记忆力和强烈的归巢性。

替身的看家本领

生理学研究。鸽的听觉和视觉非常发达，定向能力好，姿势平衡，行为敏捷。

人类动脉粥样硬化疾病研究。有的品系的鸽对高胆固醇膳食反应与人类动脉粥样硬化病变极为相似。

其他应用研究。一夫一妻终身配对的研究。

（八）鱼类、两栖类

1. 斑马鱼

替身的兴趣爱好

喜欢低温、低氧。

可以通过光来控制产卵时间。

体外受精和体外发育。

1 天可以成长到人类胚胎 1 个月成长的状态。

替身的看家本领

发育生物学和遗传学研究。斑马鱼是发育生物学和遗传学研究的理想模型动物。

毒理学研究和环境污染监测。斑马鱼胚胎和幼鱼对有害物质非常敏感。

人类疾病动物模型及新药筛选。斑马鱼在生长发育过程、组织系统结构上与人有很高的相似性，两者在基因和蛋白质的结构和功能上也表现出很高的保守性，至今已鉴定的一些斑马鱼突变体的表型类似于人类疾病，因此斑马鱼是研究人类疾病发生机制的优良模式动物，可用于建立心血管疾病、造血系统疾病、恶性肿瘤、眼科疾病、神经系统疾病、骨骼相关疾病等人类特殊疾病模型，进行相应疾病机制的研究。可以利用斑马鱼模型进行基于组织器官或分子靶点的新药筛选。

知识环岛

模式动物：指能从分子水平与整体水平模拟人类生命活动的一类用于科学研究的动物，一般指一些相对简单的生命体，如线虫、果蝇和鱼类。其特点是动物已完成或即将完成基因组测序，建立了相关数据库，通过生物信息学技术可以进行数据的挖掘，进而使比较基因组学研究成为揭示生命本质的重要工具。

利用模式动物可以方便地运用正向和反向遗传学方法进行人类疾病的研究。

正向遗传学研究始于动物表型筛选，通过非特异性诱变得到大量突变体，筛查与已知人类疾病相似的突变体，再找到并研究特定突变基因。通过正向遗传学方法获得的大量突变体已为正确理解人类疾病提供了极好的素材，特别是那些遗传性单基因变异所致的紊乱和疾病。

反向遗传学研究则从候选致病基因入手，通过基因操作等方法，培育出大量模拟人类疾病的转基因、基因敲除等有替身资格"上岗证"的成员。

知识环岛

基因敲除动物：利用基因同源重组原理，将突变的外源 DNA 片段整合到受体细胞的 DNA 同源序列中，取代某一特定基因，从而获得基因型发生改变的基因打靶小鼠，以研究靶基因的体内功能或相关疾病的致病机制，观察候选基因的作用。

2. 其他鱼类

青鳉，四季均产卵。替身的看家本领是在遗传学、发育生物学、生理学、内分泌学、毒理学等领域有广泛的应用。

剑尾鱼，替身的看家本领是应用于环境毒理学、比较医学、水产动物疾病学等研究和水产药物安全性评价。剑尾鱼对有机农药、苯酚等有机物污染，以及汞、镉、铬等重金属污染有较高的敏感性。

红鲫，替身的看家本领是在发育生物学、遗传学、遗传育种学、毒理学、分子生物学、生理学、内分泌学、比较病理学、药理学、鱼病学等领域有广泛的应用，特别是在水生态环境污染监测与安全性评价、水生动物疾病模型、水产药物筛选与效价测定及安全性评价等领域具有应用优势。

3. 非洲爪蟾

20 世纪 50 年代起，非洲爪蟾作为人类替身。

替身的兴趣爱好

为完全水生动物

替身的看家本领

非洲爪蟾在胚胎学、发育生物学、细胞生物学、生理学、功能基因组学、生态毒理学、人类疾病动物模型、药物筛选等研究中广泛应用。

4. 中华蟾蜍

替身的兴趣爱好

以昆虫等动物性食物为主。

替身的看家本领

中华蟾蜍应用于生理学、发育生物学、药理学、环境毒理学等研究。中华蟾蜍耳后腺可提炼蟾酥，为名贵中药材。

（九）其他

无脊椎动物线虫——秀丽隐杆线虫
1974年，英国科学家把秀丽隐杆线虫作为模式动物。

替身的兴趣爱好

生命周期非常短，在25 ℃的条件下，从卵长成成虫不到3天。
线虫的胚胎发生是以一种精确、忠实重复、代代相传的物种遗传特意模式进行的。
每个体细胞都可以重建其个体发生树，每个个体发育到相等数量细胞后终止。
自体受精。

替身的看家本领

秀丽隐杆线虫广泛应用于基础生物学，特别是发育、细胞凋亡、基因组学和蛋白质组学等的研究，进行衰老分子机制研究和药物筛选，秀丽隐杆线虫是有替身资格"上岗证"的成员。

第二部分　我从哪里来

我们是一类特殊的动物群体，来源于自然界原种动物，通过人为选择、杂交、近交和诱变等遗传方法，改变了群体的原有遗传组成，使我们具有了人类所需要的特征，也可以说，动物培育过程中经过了脱胎换骨，使我们的遗传组成经历了重新组合、纯化和稳定的变化过程，我们是遗传改良后的原种动物，和原种动物既相似又不同。

我们是有很高的科学内涵的，我们不单纯是动物爸爸和动物妈妈交配产生的，而是用现代科学方法培育的，或者用基因编辑技术改造的，可以说，我们是动物爸爸、动物妈妈和科学家三者的智慧结晶。

因此，相对原种健康动物而言，我们是不同程度的"病态动物"。比如说，平常人们见到的鼠类是灰色的，但人类替身小鼠、大鼠绝大多数是白色的。

一、我是如何传宗接代的

我的大家族成员传宗接代有快有慢、生长周期有长有短，以下是成员中活得最久的寿星。

最长寿命：龟 175 年，马、驴各 50 年，猩猩 37 年，猴、猫、鸡各 30 年，猪 27 年，狒狒 24 年，犬 20 年，山羊 18 年，家兔 15 年，绵羊 14 年，蟾蜍、青蛙、水貂各 10 年，豚鼠 7 年，大鼠 5 年，小鼠 4 年，田鼠 3 年。

知识环岛

我的大家族成员犬和猫与人的年龄对应见表 2-1。

表 2-1　犬和猫与人的年龄对应　　　　　　单位：年

犬	1	2	3	4	5	6	7	8	9	10	11	12	13	14	15	16
猫	1	2				6		8		10		64		14		16	20
人	15	24	28	34	36	40	44	48	52	56	60	64	68	72	76	80	96

（孔利佳，汤宏斌. 实验动物学. 武汉：湖北科学技术出版社，2002. 孙以方. 医学实验动物学. 兰州：兰州大学出版社，2005　王彦平. 医学实验动物学. 长春：吉林大学出版社，2005.）

（一）称职父母的确定方法

孩子长得好与歹，离不开爹妈身体的好坏，优生的道理不言而喻。再说了，生出的孩子长得模样一样，谁知道是哪个父母的孩子呢，所以父母要有清楚的微生物、寄生虫学背景（即体内病原微生物、寄生虫的携带状况）和遗传学背景（即品系和品种），也就是说父母要有替身资格"上岗证"才能算称职父母。

育种方法需要考虑个体选择、家系选择、家系内选择。

（二）传宗接代的方法

俗话说，龙生龙，凤生凤，老鼠生来会打洞。保持人类替身的遗传特性是遗传质量控制的重要环节。近交系、突变系在保种时重点是使各个动物的多数基因型具有纯合性，并在品系内具有高度遗传同一性；与此相反，封闭群则是保存个体间各基因型的杂合性，也就是在保持个体与个体之间遗传差异的同时进行保种、生产的群体，并要求各代之间出现相同特征。

需要在理解各种品系培育特殊性的基础上，在不丢失品系特性的原则和前提下进行动物的保种和生产，才能保持动物的遗传特性，保证替身实验结果的可靠性。

保种方法需要考虑随机交配、最大限度避免近交、循环交配。

（三）子孙满堂的方法

繁殖方法根据遗传特点不同，人类替身分为近交系、封闭群和杂交群。

1. 近亲繁殖

近交系，包括突变系，指一个动物群体中，任何个体基因组中 99% 以上的等位位点为纯合。经典近交系经至少连续 20 代的全同胞兄妹交配培育而成。品系内所有个体都可追溯到起源于第 20 代或以后代数的一对共同祖先。经连续 20 代以上亲子交配与全同胞兄妹交配有等同效果。

子孙满堂的原则是保持近交系动物的基因纯合性，继续保持兄妹交配方式。

2. 异系杂交

封闭群，又称远交群，指以非近亲交配方式进行繁殖生产的一个人类替身种群，在不从其外部引入新个体的条件下，至少连续繁殖 4 代以上。

子孙满堂的原则是尽量保持封闭群动物的基因异质性及多态性。

3. 随机繁殖

杂交群，指不同品系之间杂交产生的后代。

子孙满堂的原则是将两个用于生产杂种一代的亲本品系或种群进行交配所得子代。

4. 紧急生产，满足需求

从 2020 年 1 月 30 日疫情暴发初期，科研团队按科技部部署，紧急安排模型小鼠快速生产及 SARS-CoV-2 易感性研究，模型动物生产得到北京百奥赛图基因生物技术有限公司的大力支持。由于开始时种群较小，只有十几只种鼠，经过研究，采用"自然繁殖 + 体外受精"方式快速繁殖，很长一段时间，该团队均以快速生产该模型动物作为工作重点。

5. 最优的质量，最快的速度，最大的规模

hACE2-KI/NIFDC 小鼠模型是目前世界上首个人源化小鼠模型，根据 *Cell Press* 新闻稿评论，该模型"与转基因小鼠存在巨大不同，是精确插入，而不是随机插入；该模型对病毒的反应与人体最为相似"，是目前构建水平最高、质量最优的小鼠模型。〔原文：The big difference between these mice and the Perlman mice（指国外的一个转基因小鼠模型，编者注）is that, instead of being randomly inserted, the gene for ACE2 in these new mice is inserted precisely into the specific site on the X chromosome where it resides in people and completely replaces the mouse version of this gene. This makes it extremely likely that the mouse will respond to SARS-CoV-2 in a manner that is very similar, if not identical, to the way the human body responds to the virus.〕

首批小鼠在 2020 年 2 月上旬即送入实验室开展研究，第二批小鼠供应截至同年 4 月 7 日，已经向全国 10 个单位免费提供模型小鼠 358 只，使用单位包括中国医学科学院医学实验动物研究所、军事医学研究院等，用于 SARS-CoV-2 动物模型建立、SARS-CoV-2 疫苗评价、SARS-CoV-2 抗体及感染机制研究。截至同年 8 月 15 日，已经向社会 27 家单位提供约 1700 只高质量小鼠模型，支持了科技部、地方立项的大多数有关 SARS-CoV-2 应急项目，这些项目涵盖了疫苗、抗体、药物及基础研究等类型。

据了解，hACE2-KI 小鼠模型批量供应速度是最快的，比美国要早 2 个月左右；美国 Jax lab 供应中国市场预告时间为 6 月底。当时该模型的供应量估计是全球最大的，英国伦敦 *the Economist* 杂志记者在与该团队沟通，撰

写关于该模型小鼠的专题报道过程中，专门写信询问："你们如何做到的？在如此短的时间内，将十几只小鼠种子，繁殖到几百上千只？"

这个问题的答案如下。第一，得益于该团队预先建立的技术储备和正确的决策，采用了体外受精新技术快速繁殖和传统交配方式相结合的生产策略；第二，也得益于中国人在疫情面前不计小我、顾全大局的团结奉献精神，该模型繁殖过程中得到各个合作单位的大力协助与技术支持。

6. 成效初显，支持抗疫，影响广泛

从支持抗疫、检定工作层面看：该模型支持的 SARS-CoV-2 疫苗、抗体、药物研究的单位超过 20 家。据不完全统计，目前已有 1 个 SARS-CoV-2 抗体产品、2 个疫苗产品进入临床研究阶段；1 个疫苗产品获得 CDE 批准，1 个疫苗产品已经上报 CDE 审批，而正在进行中的各类研究项目超过 20 项。

从支持 SARS-CoV-2 学术研究角度看：该模型支持的研究发表在 *Cell Host & Microbe*、*Science*、*Nature* 等期刊上，在后续研究中，有的工作已经投 *Cell* 正刊，论文正在审稿中。这意味着，该模型支持的研究工作已经登上国际上称为 CNS 的三大顶级学术期刊。

从国际国内社会影响力角度看：该模型获得伦敦 *The Economist* 杂志、Cell press 集团下的 *EurekAlert* 专业科学网站、国内《科学网》等媒体专题报道；《北京科技报》在 2020 年 5 月对该研究团队进行了专访和报道。

国际上，在该团队的论文发表后，国际上来自德国、英国、比利时、韩国等的 20 多个实验室寻求合作；国内一大批重要团队及实验室使用该模型动物，其中，院士团队包括高福、陈志南、魏于全、董晨、邵峰、金宁一等院士。法国 Genoway 公司多次来信要求代理该模型销售到全球。

进行已有动物模型产业化及共享体系建立研究。

创制常用病原易感和免疫缺陷动物品系，建立常用品系的繁殖群、微生物控制技术和遗传检测技术体系，并完成微生物控制和遗传检测的第三方检验，建立病原易感和免疫缺陷动物的生产扩大技术体系，规模化和高质量供应，实现病原易感及免疫相关基因修饰动物品系的共享能力提升。

50 种传染病易感及免疫缺陷人类替身品系中，目前销售品系有 45 种已经汇总上传给国家实验动物种子资源库。与中国医学科学院合作构建 43 种，病原易感动物和免疫缺陷动物品系资料达到 79 种。

提高人类替身质量和产量，丰富人类替身品系和疾病动物模型资源，形成人类替身研究、动物模型研制、生产、质量保障和供应服务的产学研相结合的人类替身研制平台，为重大及突发性传染病医药研究提供足够的支撑保障。

首次建设传染病易感动物和免疫缺陷动物保种、生产和推广一体化平台。对突发传染病、重大传染病的医药研发起到推动的作用。应对新发传染病不断出现，此任务的完成将为中国的传染病防控研究做出巨大贡献，同时可保障国家生物安全，促进人民就业、医疗保障、生态环境等，具有巨大的社会效益和经济效益。

二、我的名人朋友圈

1895 年，瑞典化学家 Alfred Bernhard Nobel 创立诺贝尔生理学或医学奖（Nobel Prize in Physiology or Medicine），旨在表彰在生理学或医学领域做出重要发现或发明的人。100 多年来，诺贝尔生理学或医学奖获得者解答了有关生命和健康的诸多重要问题，是人类认识自己和认识世界的伟大探索。

而在诺贝尔奖成果的研究过程中，人类替身和相关有替身资格"上岗证"的成员是不可或缺的极其重要的一环。从 1901 年诺贝尔生理学或医学奖首次颁发以来，到 2013 年为止，在总共 113 年的生理学或医学奖中，84 年的获奖（占颁奖年的75%）直接涉及我们 25 个家庭成员。

与我打过交道的著名医学科学家名录，如下。

德国科学家 Emil Von Behring（1854—1917 年）、日本科学家 katazato Shibasaburo（1852—1931 年）：于 1890 年以豚鼠等动物研究白喉杆菌与破伤风杆菌，发现动物死亡是由细菌毒素而非细菌本身造成的，首创了血清疗法，因此荣获 1901 年首届诺贝尔生理学或医学奖。

科学家 Ross：以鸽子为研究对象，了解了疟疾的生命周期，因此荣获 1902 年诺贝尔生理学或医学奖。

俄国生理学家 Ivan Pavlov（1849—1936 年）：以犬为研究对象，从 1891 年开始研究消化生理，揭示了消化系统活动的一些基本规律，动物对各种刺激的反应，因此荣获 1904 年诺贝尔生理学或医学奖。

德国科学家 Robert Koch（1843—1910 年）：通过研究农畜牛、羊的炭疽病，并在兔和小鼠身上做实验，于 1876 年发现并分离了炭疽杆菌，首次发现了炭疽杆菌的芽孢，于 1882 年证明结核病由结核分枝杆菌引起，发现许多动物包括牛、马、猴、兔和豚鼠等都能罹患结核病，但所感染的结核分枝杆菌品系不相同，进行结核病发病机制研究，因此荣获 1905 年诺贝尔生理学或医学奖。

科学家 Golgi、Cajal：以犬、马为研究对象，研究中枢神经系统的特征，因此荣获 1906 年诺贝尔生理学或医学奖。

科学家 Laveran：以鸟为研究对象，研究原生动物在引起疾病方面的作用，因此荣获 1907 年诺贝尔生理学或医学奖。

科学家 Mechnikov、Ehrlich：以鸟、鱼、豚鼠为研究对象，研究免疫反应和吞噬细胞的作用，因此荣获 1908 年诺贝尔生理学或医学奖。

科学家 Kossel：以鸟为研究对象，通过对包括细胞核物质在内的蛋白质的研究，了解细胞化学，因此荣获 1910 年诺贝尔生理学或医学奖。

科学家 Alexis Carrel：以犬为研究对象，成功地在犬身上进行血管缝合与器官移植，因此荣获 1912 年诺贝尔生理学或医学奖。

科学家 Riched：以犬、兔为研究对象，对过敏反应机制研究，因此荣获 1913 年诺贝尔生理学或医学奖。

科学家 Bordet：以豚鼠、马、兔为研究对象，对免疫机制研究，因此荣获 1919 年诺贝尔生理学或医学奖。

科学家 Krogh：以青蛙为研究对象，发现毛细血管运动的调节机制，因此荣获 1920 年诺贝尔生理学或医学奖。

科学家 Hill：以青蛙为研究对象，发现肌肉中氧的消耗和乳酸代谢之间的固定关系，因此荣获 1922 年诺贝尔生理学或医学奖。

科学家 Banting、Macleod：以犬、兔、鱼为研究对象，发现胰岛素和糖尿病机制，因此荣获 1923 年诺贝尔生理学或医学奖。

科学家 Einthoven：以犬为研究对象，发明心电图装置，因此荣获 1924 年诺贝尔生理学或医学奖。

科学家 Nicolle：以猴、猪、大鼠、小鼠为研究对象，对斑疹伤寒的发病机制研究，因此荣获 1928 年诺贝尔生理学或医学奖。

科学家 Eijkman、Hopkins：以鸡为研究对象，发现抗神经炎和促进生长的维生素，因此荣获 1929 年诺贝尔生理学或医学奖。

科学家 Sherrington Adrian：以犬、猫为研究对象，发现神经元的相关功能，因此荣获 1932 年诺贝尔生理学或医学奖。

科学家 Whipple、Murphy、Minot：以犬为研究对象，发现贫血的肝脏治疗法，因此荣获 1934 年诺贝尔生理学或医学奖。

　　科学家 Spemann：以两栖动物为研究对象，发现胚胎发育中的组织者效应，因此荣获 1935 年诺贝尔生理学或医学奖。

　　科学家 Dale、Loewi：以猫、青蛙、鸟、爬行动物为研究对象，发现神经冲动的化学传递，因此荣获 1936 年诺贝尔生理学或医学奖。

　　科学家 Heymans：以犬为研究对象，发现窦和主动脉机制在呼吸调节中所起的作用，因此荣获 1938 年诺贝尔生理学或医学奖。

　　科学家 Domagk：以小鼠、兔为研究对象，发现百浪多息（一种磺胺类药物）的抗菌效果，因此荣获 1939 年诺贝尔生理学或医学奖。

　　科学家 Dam、Doisy：以大鼠、犬、小鸡、小鼠为研究对象，发现维生素 K 的作用，因此荣获 1943 年诺贝尔生理学或医学奖。

　　科学家 Erlanger、Gasser：以猫为研究对象，研究神经细胞的特殊作用，因此荣获 1944 年诺贝尔生理学或医学奖。

　　科学家 Fleming、Chain、Florey：以小鼠为研究对象，发现青霉素对细菌性感染的疗效，因此荣获 1945 年诺贝尔生理学或医学奖。

　　科学家 Carl Cori、Gerty Cori、Houssay：以青蛙、蟾蜍、犬为研究对象，发现糖原的催化转化原因、垂体在糖代谢中的作用，因此荣获 1947 年诺贝尔生理学或医学奖。

　　科学家 Hess、Moniz：以猫为研究对象，发现大脑的某些部位在决定和协调内脏器官功能时所起的作用，因此荣获 1949 年诺贝尔生理学或医学奖。

　　科学家 Kendall、Hench、Reichstein：以牛为研究对象，发现肾上腺皮质激素的抗关节炎作用，因此荣获 1950 年诺贝尔生理学或医学奖。

　　科学家 Theiler：以猴、小鼠为研究对象，研制黄热病疫苗，因此荣获 1951 年诺贝尔生理学或医学奖。

　　科学家 Waksman：以豚鼠为研究对象，发现链霉素，因此荣获 1952 年诺贝尔生理学或医学奖。

　　科学家 Krebs、Lipmann：以鸽子为研究对象，发现柠檬酸循环的特征，因此荣获 1953 年诺贝尔生理学或医学奖。

　　科学家 Enders、Wellers、Robbins：以猴、小鼠为研究对象，培养脊髓灰质炎病毒并开发疫苗，因此荣获 1954 年诺贝尔生理学或医学奖。

　　科学家 Theorell：以马为研究对象，发现氧化酶的性质和作用方式，因此荣获 1955 年诺贝尔生理学或医学奖。

　　科学家 Bovet：以犬、兔为研究对象，合成箭毒及发现其对血管和平滑肌的作用，因此荣获 1957 年诺贝尔生理学或医学奖。

科学家 Burnet、Medawar：以兔为研究对象，了解获得性免疫耐受，因此荣获 1960 年诺贝尔生理学或医学奖。

科学家 Von Bekesy：以豚鼠为研究对象，发现耳蜗内刺激的物理机制，因此荣获 1961 年诺贝尔生理学或医学奖。

科学家 Eccles、Hodgkin、Huxley：以猫、青蛙、鱿鱼、蟹为研究对象，发现在神经细胞膜的外围和中心部位与神经兴奋和抑制有关的离子机制，因此荣获 1963 年诺贝尔生理学或医学奖。

科学家 Block、Lynen：以大鼠为研究对象，发现胆固醇和脂肪酸的代谢机制和调控作用，因此荣获 1964 年诺贝尔生理学或医学奖。

科学家 Rous、Huggins：以大鼠、兔、母鸡为研究对象，发现诱发肿瘤的病毒和癌症的激素治疗，因此荣获 1966 年诺贝尔生理学或医学奖。

科学家 Harttline、Granit、Wald：以鸡、兔、鱼、蟹为研究对象，发现视觉的主要生理和化学过程，因此荣获 1967 年诺贝尔生理学或医学奖。

科学家 Holley、Khorana、Nirenberg：以大鼠为研究对象，破解遗传密码并阐释其在蛋白质合成中的作用，因此荣获 1968 年诺贝尔生理学或医学奖。

科学家 Katz、Von Euler、Axelrod：以猫、大鼠为研究对象，发现神经递质储存和释放的机制，因此荣获 1970 年诺贝尔生理学或医学奖。

科学家 Sutherland：以哺乳动物肝脏为研究对象，发现激素的作用机制，因此荣获 1971 年诺贝尔生理学或医学奖。

科学家 Edelman、Porter：以豚鼠、兔为研究对象，发现抗体的化学结构，因此荣获 1972 年诺贝尔生理学或医学奖。

奥地利科学家 Konrad Lorenz、Karl von Frischi，荷兰出身的牛津大学教授 Niko Tinbergen：以蜜蜂、鸟为研究对象，自 20 世纪 60 年代以来研究动物行为学，发现动物的社会和行为模式的组织，因此荣获 1973 年诺贝尔生理学或医学奖。

科学家 De Duve、Palade、Claude：以鸡、豚鼠、大鼠为研究对象，对于细胞的结构和功能组织方面的发现，因此荣获 1974 年诺贝尔生理学或医学奖。

科学家 Baltimore、Dulbecco、Temin：以猴、马、鸡、小鼠为研究对象，发现肿瘤病毒与遗传物质之间的相互作用，因此荣获 1975 年诺贝尔生理学或医学奖。

科学家 Blumberg、Gajdusek：以黑猩猩为研究对象，发现传染病产生和传播的新机制，因此荣获 1976 年诺贝尔生理学或医学奖。

科学家 Guilemin、Schally、Yalow：以羊、猪为研究对象，发现下丘脑激素，因此荣获 1977 年诺贝尔生理学或医学奖。

科学家 Cormack、Hounsfield：以猪为研究对象，开发计算机辅助断层扫描技术，因此荣获 1979 年诺贝尔生理学或医学奖。

科学家 George Davis Snell（1903—1996 年）、Benacerral、Dausset：Snell 于 1948 年利用近交小鼠发现了组织相容性基因 2（histocompatibility gene 2，H2）。以小鼠、豚鼠为研究对象，对组织相容性抗原的鉴定及作用机制研究，因此荣获 1980 年诺贝尔生理学或医学奖。

科学家 Sperry、Hubel、Wiesel：以猫、猴为研究对象，发现大脑对视觉信息的处理，因此荣获 1981 年诺贝尔生理学或医学奖。

科学家 Bergstrom、Samuelsson、Vane：以大鼠、兔、豚鼠为研究对象，发现前列腺素，因此荣获 1982 年诺贝尔生理学或医学奖。

科学家 Milstein、Kohler、Jerne：以小鼠为研究对象，研发单克隆抗体形成技术，因此荣获 1984 年诺贝尔生理学或医学奖。

科学家 Levi-Montalci Cohen：以小鼠、鸡、蛇为研究对象，发现神经生长因子和表皮生长因子，因此荣获 1986 年诺贝尔生理学或医学奖。

科学家 Tonegawa：以小鼠为研究对象，发现抗体合成的基本原理，因此荣获 1987 年诺贝尔生理学或医学奖。

科学家 Varmus、Bishop：以鸡为研究对象，发现逆转录病毒致癌基因的细胞来源，因此荣获 1989 年诺贝尔生理学或医学奖。

科学家 Murray、Thomas：以犬为研究对象，对器官移植技术研究，因此荣获 1990 年诺贝尔生理学或医学奖。

科学家 Neher、Sakmann：以青蛙为研究对象，发现细胞间的化学交流，因此荣获 1991 年诺贝尔生理学或医学奖。

科学家 Fischer、Krebs：以兔为研究对象，发现细胞调节机制，因此荣获 1992 年诺贝尔生理学或医学奖。

科学家 Lewis、Wieschaus、Nusslein-Volhard：以果蝇为研究对象，发现早期胚胎发育的遗传调控机制，因此荣获 1995 年诺贝尔生理学或医学奖。

科学家 Doherty、Zinkernagel：以小鼠为研究对象，发现病毒感染细胞的免疫系统识别，因此荣获 1996 年诺贝尔生理学或医学奖。

科学家 Prusiner：以仓鼠、小鼠为研究对象，发现朊病毒及其特点，因此荣获 1997 年诺贝尔生理学或医学奖。

科学家 Furchgott、Ignarro、Murad：以兔为研究对象，发现在心血管系统中起信号分子作用的一氧化氮，因此荣获 1998 年诺贝尔生理学或医学奖。

科学家 Blobel：以各种动物细胞为研究对象，发现蛋白质具有内在信号以控制其在细胞内的传递和定位，因此荣获 1999 年诺贝尔生理学或医学奖。

科学家 Carlsson、Greengard、Kandel：以小鼠、豚鼠、海蛞蝓为研究对象，发现神经系统中的信号传导，因此荣获 2000 年诺贝尔生理学或医学奖。

英国科学家 Sydney Brenner、John E. Sulston，美国科学家 H. Robert Horvitz：Brenner 于 1974 年第一次把秀丽隐杆线虫作为模型动物，成功分离出线虫的各种突变体，发现了在器官发育过程中的基因规则。Sulston 通过显微镜活体观察线虫的胚胎发育和细胞迁移途径，于 1983 年完成了线虫从受精卵到成体的细胞谱系。Horvitz 利用秀丽隐杆线虫作为研究对象进行了细胞程序性死亡的研究。他们发现器官发育和细胞程序性死亡的遗传调控机制，因此荣获 2002 年诺贝尔生理学或医学奖。

科学家 Axel、Buck：以小鼠、犬为研究对象，发现气味受体和嗅觉系统组织，因此荣获 2004 年诺贝尔生理学或医学奖。

科学家 Craig C. Mello、Andrew Z. Fire：利用秀丽隐杆线虫实验发现一种全新的基因调控方式——RNA 干扰（RNA interference，RNAi），双链 RNA 引发的 RNA 干扰和基因沉默现象，因此荣获 2006 年诺贝尔生理学或医学奖。

科学家 Capecchi、Evans、Smith：以小鼠、鸡为研究对象，促进基因敲除技术的发展，因此荣获 2007 年诺贝尔生理学或医学奖。

科学家 Zur Hause Barre-Sinoussi、Montagnier：以仓鼠、牛、猴、黑猩猩、小鼠为研究对象，发现导致子宫颈癌的人乳头瘤病毒（human papilloma virus，HPV），发现 HIV，因此荣获 2008 年诺贝尔生理学或医学奖。

科学家 Blackburn、Greider、Szostak：以青蛙、小鼠为研究对象，发现细胞遗传运作的关键机制，因此荣获 2009 年诺贝尔生理学或医学奖。

科学家 Edwards：以兔、大鼠、小鼠、仓鼠为研究对象，促进试管授精技术方面的发展，因此荣获 2010 年诺贝尔生理学或医学奖。

英国发育生物学家 John B. Gurdon（1933－），Yamanaka：Gurdon 于 20 世纪 60 年代用非洲爪蟾受精卵和蝌蚪体细胞进行细胞核移植实验。以非洲爪蟾、小鼠为研究对象，建立 iPS 细胞，因此荣获 2012 年诺贝尔生理学或医学奖。

第三部分　我到哪里去

有了一身本领，取得了上岗证，我都去哪了？我去的地方太多了，不胜枚举。这里只举例全球疫情暴发时去过的极少数去处。

2019 年年底，突如其来的 COVID-19 暴发引起全球震惊，百姓恐慌、国家受难、中华民族面临历史考验。

我参与了新型冠状病毒动物模型构建。

在 SARS-CoV-2 的病原学和防治研究中，确定致病病原体、阐明病毒感染和致病机制、评估病毒致病力和传播力、揭示传播机制等关键问题，均离不开有替身资格"上岗证"的成员。因此，有替身资格"上岗证"的成员是确定病原学、致病机制和疫情防控体系的关键环节之一。

为尽快成功构建动物模型，解决限制疫情防控的动物模型技术瓶颈，科学家充分发挥在传染病动物模型体系、病原易感动物培育分析技术体系、传染病动物模型关键技术体系、病原易感动物资源和传染病动物模型资源方面的研究优势，构建 SARS-CoV-2 感染的有替身资格"上岗证"的成员，集中进行了动物模型攻关，为病原鉴定、溯源、机制研究提供基础，并进行应急疫苗和药物的安全性、有效性等方面的评价。

疫情再次挑战我国综合科技力量，动物模型研制任务摆在了突出位置上。在全球抗疫早期，一项振奋人心的科技突破让世人备受鼓舞，这就是 COVID-19 动物模型的成功建立。中国医学科学院/北京协和医学院医学实验动物研究所肩负使命，科学高效地研制出了恒河猴和受体人源化血管紧张素转化酶 2（human Angiotensin-converting enzyme 2，hACE2）转基因小鼠模型，拉开了全球全面开展药物筛选和疫苗评价的序幕。

在 SARS-CoV-2 疫情暴发初期，人类用我们大家族成员进行了 SARS-CoV-2 实验模型、检测评估、感染机制、疫苗评价、防控技术、资源平台的研究，以及 SARS-CoV-2 的比较医学系列研究，揭开了 SARS-CoV-2 的事实真相。

经过研究，建立了 8 种动物模型，完成了 46 种疫苗的评价，为新型冠状病毒疫情科技攻关及疫情防控体系高效运转奠定基础。

两年多的 SARS-CoV-2 科技攻关中，有替身资格"上岗证"的成员起到了关键的作用，包括遵循 Koch 法则科学证实 SARS-CoV-2 是本次疫情病原体、证实病毒入侵宿主受体、系统阐明感染与致病过程、初步阐明传播途径，评价疫苗、筛选药物、优化临床救治方案等。我国研制出了恒河猴和受体 hACE2 转基因小鼠模型，建立了国际首个 SARS-CoV-2 动物模型，研究论文发表在 *Nature* 上，被世界卫生组织（WHO）称为模型研制和应用的典范。

国难思良将。秦川教授及其科研团队带领有替身资格"上岗证"的成员从事人类疾病研究 35 年，在该方面基础与应用研究取得了系列原创成果，有力推动了重大疾病基础和转化研究，为 2003 年 SARS 以来的历次重大疫情攻关奠定了坚实的学科基础，建立了集约化、规范化的人类疾病动物模型平台，保证了我国相关疫苗和应急药物研发位居国际前列。

一、实验动物模型研究里有我

实验动物模型是指以实验动物为载体，模拟医学、生命科学、食品安全和军事医学等科学研究，以及生物医药和健康产品研发中应用的与人类疾病发生机制和临床表现高度相似的生物样本。理想的传染病且有替身资格"上岗证"的成员，应该全部或基本上模拟人类疾病临床表现、疾病过程、病理生理学变化、免疫学反应等疾病特征。

1. 动物模型研制的特点

第一，这是一项探索性工作，需要凭借对动物和病毒生物信息学分析和知识积累，判断是否敏感动物，这一步不容有失，否则会影响整个科技攻关进程。

第二，它是一项多种技术集成的工作，需要研发适合动物的病毒检测试剂、多种模型研制与分析技术，如病毒感染，以及病毒学、影像学、病理学、免疫学分析等，因此这支研究团队必须由多个学科的专业人士组成。

第三，它需要生物安全保障，很多烈性病原体研究要在动物生物安全三级（animal biosafety level-3，ABSL-3）实验室内进行，这里是最危险的战场，实验人员要频繁接触高浓度病毒及感染动物、处理动物排泄物、给动物拍胸片、解剖动物等环节都十分危险。

2. 建立 SARS-CoV-2 动物模型难在哪儿

感染性疾病动物模型，顾名思义，是以导致感染性疾病的病原感染动物，或人工导入病原遗传物质，使动物发生和患者相同疾病、类似疾病、部分疾病改变或机体对病原产生反应，为疾病系统研究、比较医学研究，以及抗病原药物和疫苗等研制、筛选和评价提供模式动物。通俗地说，就是科学家想尽办法让人类替身患上和患者一模一样的疾病，只有这样才能让它代替人类，开展各种医学实验。因此，有替身资格"上岗证"的成员常被称为实验室中的"患者"。

构建 COVID-19 动物模型，拟解决的关键问题，需要突破以下 7 个方面技术难题。

第一，鉴定对 SARS-CoV-2 敏感的实验动物。

第二，建立适用于有替身资格"上岗证"成员的病原学、免疫学和病理学等核心指标的检测技术体系。

第三，比较分析 SARS-CoV-2 感染动物后，各项指标与临床疾病的异同，确定新冠病毒模型研制成功的标准，判定并区分疾病有替身资格"上岗证"的成员与动物感染实验。

第四，针对不同研究目的、疫苗和药物特征，建立针对有替身资格"上岗证"成员的评价技术及指标体系。

第五，基于有替身资格"上岗证"的成员，促进对 COVID-19 病原学、病理学和免疫学的认知，加深对病理机制的理解。

第六，基于有替身资格"上岗证"的成员，揭示 SARS-CoV-2 的传播途径，为疫情防控提供科学依据。

第七，基于有替身资格"上岗证"的成员，完成国家部署的疫苗、药物和抗体有效性评价任务，促进预防和治疗产品的临床前转化。

知识环岛

感染性疾病动物模型制备方法：筛选动物种类，确定敏感动物，确定标准方法——一定剂量感染性病原——经呼吸道、消化道、静脉、黏膜和腹腔等单一或复合途径感染选定的动物——记录特征性临床表现，确定并检测特异性病原学指标、病理生理学指标和免疫学指标，以及其他

辅助性指标——评价并明确模型类型，综合评价模型的应用程度、范围和比较医学用途。

可是，让我们患上和人一模一样的疾病可没那么容易。如严重危害我国人民健康的乙肝病毒（HBV），至今也没能找到合适的动物作为模型。

为什么呢？感染性疾病是由明确的病原引起，包括病毒、细菌和寄生虫等生物体感染机体，导致疾病发生。因此，有替身资格"上岗证"成员的研究，关键是病原对动物的致病性问题，也就是说，动物能不能被病原感染，复制、模拟出全部或部分疾病特征的问题。

一般来讲，病原进化伴随着宿主动物同时进化，形成了相互依存、共处、排斥等关系，这种关系表现为共生关系、机体损伤（疾病）、病原不能存活等情况。

病原依据种类和生物学特性不同，分为体外寄生感染，器官、组织内感染（包括血液）和细胞内感染几种形式。感染的机制不同，对感染动物宿主特异性选择要求也不同，一般依寄生虫、细菌和病毒的顺序特异性增强，特别是病毒性病原，其感染往往通过特异性受体进入细胞，而受体的进化有时并不随动物种类近似而接近。因此，给动物模型的制备带来了不确定性和复杂性，这也是目前有些病原没有理想的有替身资格"上岗证"的成员的原因之一。

同时，由于各种动物遗传构成和生物学特性既有相似的一面又有不同的一面，也使得遗传距离大的动物作为感染病模型成为可能。因而，感染性有替身资格"上岗证"的成员研究，特别是新发感染性疾病病原，面临的第一个问题是动物的感染性，或称为动物敏感性的问题，往往通过大量不同种类动物的测试、比较、筛选，才能研制出较为理想的模型。

那么，一个理想的或者说是成功的有替身资格"上岗证"的成员如何来评判呢？

首先，需要证明病原能够在该种动物体内复制。也就是说在感染的动物中必须能检测到活性病原来证明病原体内的复制。最有效的方法是，接种病毒后，在一定时间内能够从动物体内分离到病毒。一般通过病毒培养获得而不是经聚合酶链反应（PCR）检测核酸。在病毒分离的同时，通过 PCR 检测核酸含量和持续时间往往是模型评判的核心指标。

其次，模型动物应该表现出和患者相似度高的组织病理学改变。疾病特有的病理学改变是疾病发生发展的基础，也是病原和机体博弈的原发地，各种组织，特别是靶器官组织的特异性损伤，是模型判定的关键指标。

再次，应证明病原可诱导机体产生特异性免疫反应。特异性抗体通常在感染 10 天左右可检测到，2 周时升高，3~4 周达高峰。中和抗体的检测非常重要，是模型应用评价的基础性指标。细胞免疫、炎性因子的检测也是模型评判的重要指标。

最后，需要强调的是临床表现、血液学改变、血液生化变化、影像学检查等都是基于上述 3 项指标的客观标准，应进行充分的比较医学分析，形成互相印证的系统指标，而不是仅有数据呈现。

3. 为什么要研制 SARS-CoV-2 动物模型

2019 年底，SARS-CoV-2 暴发，来势迅猛，成为人类历史上严重公共卫生事件之一。SARS-CoV-2 疫情发生后，其病原体与入侵途径、传播途径未知，病理损伤不明，应急药物与疫苗缺乏，现需破解这些难题，动物模型是"卡脖子"技术，是中央部署的五大主攻方向之一。

动物模型是 COVID-19 科研攻关的主攻方向之一，是证实 COVID-19 致病病原体、阐明感染途径和致病力、证实病毒受体、揭示免疫反应规律、筛选应急药物及评价疫苗必要的科学工具。

通过有替身资格"上岗证"的成员这种特殊的"患者"，可以系统、动态、立体地研究疾病发生和发展的全过程。

比如，可以用有替身资格"上岗证"的成员解决许多临床上无法研究的问题，包括病毒入侵的受体、机体的免疫反应、病毒在体内的复制规律及在各组织的分布、病理发生过程及组织损伤特点，以及在感染与免疫中发挥关键作用的基因与因子、病毒通过哪些途径可以传播等，这些可以促进我们对病毒的科学认识。

形象地说，有替身资格"上岗证"的成员就是在实验室内对人的疾病进行三维现场直播，不但能看到疾病的全过程，还能看到疾病在体内的全景。

对疫情防控救治来说，最为关键的是药物和疫苗，而任何一种药物和疫苗，都需要有替身资格"上岗证"的成员这种特殊的"患者"来科学检验其有效性和安全性，才能进入临床应用。

没有良好的有替身资格"上岗证"的成员，后续阐明致病机制和传播途径、筛选药物和评价疫苗等研究就无法开展，后果将不敢想象。

首先，在 SARS-CoV-2 疫情防控中，快速建立动物模型是非常急迫的目标。

其次，克服 SARS-CoV-2 对动物嗜性差、缺乏模型检测试剂、模型难以准确模拟临床表现等研制动物模型的技术瓶颈，通过比较医学分析鉴定易感动物，探索优选感染剂量和途径，建立模型特异的检测技术等均成为首要目标任务。

最后，利用 SARS-CoV-2，加深对 COVID-19 病因学和病理学的认识，突破致病机制、药物和疫苗研究的技术瓶颈，以及为各国研制和使用 COVID-19 有替身资格"上岗证"的成员提供指南、标准也是其重要目标之一。

4. SARS-CoV-2 这么厉害，怎么做动物模型

SARS-CoV-2 被我国定为二类病原体，烈性程度和 2003 年暴发的 SARS-CoV 一样。若没有严格的实验室条件和训练有素的科研团队，那是无法完成这项任务的。

有替身资格"上岗证"的成员研究是在特殊环境内——ABSL-3 实验室内进行的。实验人员要频繁接触浓缩的高浓度病毒，而且，动物不同于患者，患病的动物更易伤人，存在抓伤实验人员的危险。

在生物安全实验室中工作，需要充分考虑 SARS-CoV-2 特性，制定详细的风险控制方案，尤其是在给动物接种病毒、肺组织活检取材、拍 X 光片、病理解剖时，要特别严格控制好各个环节。同时，操作人员要经过严格的培训、考核，只有训练有素的专业人员才能参加此项研究。

5. hACE2 小鼠 SARS-CoV-2 模型的建立及 COVID-19 病原、受体和病理学研究

准确选择病原易感动物，这是成功研制传染病动物模型的首要问题，也是最难的一点。它决定了模型研制的速度，也决定了药物和疫苗研发的速度，更影响疫情控制的速度。

因为 SARS-CoV-2 和 SARS-CoV 具有高度的同源性，而 SARS-CoV 进入人体的特异性受体为 hACE2。科研人员经过大量的分子生物学分析表明，SARS-CoV-2 很有可能利用同样的受体 hACE2 入侵人体。秦川教授基于比较医学分析准确判定了病毒敏感动物，通过模型研制与育种技术培育了 ACE2 高度人源化动物，选择 hACE2 转基因小鼠作为感染 SARS-CoV-2 的模型动物，用以构建 SARS-CoV-2 感染小鼠模型，用感染 SARS-CoV-2 的 hACE2 转

基因小鼠研究该病毒的致病性。

感染 SARS-CoV-2 的 hACE2 小鼠体重减轻，肺内病毒复制。典型的组织病理学表现为间质性肺炎，肺泡间质有明显的巨噬细胞和淋巴细胞浸润，肺泡腔内有巨噬细胞聚集。病毒抗原见于支气管上皮细胞、巨噬细胞和肺泡上皮细胞。而在感染 SARS-CoV-2 的对照普通小鼠中未发现这种现象。

在建立动物模型的过程中，研究团队遵循 Koch 法则证实了 COVID-19 的致病病原体，体内证实了人 ACE2 为 SARS-CoV-2 的入侵受体，公布了全球第一张 COVID-19 组织病理学图片，加深了对 COVID-19 病因学和病理学的认识。

6. COVID-19 转基因小鼠感染模型

从临床表现来看，COVID-19 起病以发热为主要表现，可合并轻度干咳、乏力、呼吸不畅、腹泻等症状，流涕、咳痰等其他症状少见。一半患者在 1 周后出现呼吸困难，严重者快速进展为急性呼吸窘迫综合征、脓毒症休克、难以纠正的代谢性酸中毒和凝血功能障碍。部分患者起病症状轻微，可无发热等临床症状，多在 1 周后恢复。多数患者预后良好，少数患者病情危重，甚至死亡。

从影像学表现来看，早期呈现多发小斑片影及间质改变，以肺外带明显。进而发展为双肺多发磨玻璃影、浸润影，严重者可出现肺实变，胸腔积液少见。

从免疫学表现来看，患者还可出现发病早期外周血白细胞总数正常或减低、淋巴细胞计数减少，部分患者出现肝酶、肌酶和肌红蛋白增高。多数患者 C 反应蛋白和血沉升高，降钙素原正常。严重者 D-二聚体升高，淋巴细胞进行性减少。

从组织病理学表现来看，患者表现为间质性肺炎，肺泡腔大量的多核巨细胞和巨噬细胞浸润，肺泡比弥漫性增厚，肺泡间隔增宽。

替身墓志铭

来自动研所 hACE2 转基因小鼠。

SPF 级，雌雄均有。

体重 18~22 g，6 周~11 月龄各段。

动物名称：ICR 与 C57BL6J，表达 *hACE2* 基因，由小鼠 ACE2 启动子驱动，经逆转录 – 聚合酶链反应（reverse transcription-polymerase chain reaction，RT-PCR）和蛋白质印迹（Western blot）验证 *hACE2* 基因在小鼠肺组织内的表达。

实验中涉及动物的所有程序均经动研所实验动物使用与管理委员会（IACUC）审核和批准。

毒株名称：SARS-CoV-2。

毒株来源：由中国疾控中心谭文杰教授提供，SARS-CoV-2 的全基因组序列可以在 GISAID（BetaCoV/Wuhan/IVDC-HB-01/2020 | EPI_ISL_402119）获得，存放于中国国家微生物数据中心（登录号 NMDC10013001，基因组登录号 MDC60013002-01）。

毒株培养。

SARS-CoV-2 的病毒滴度用标准的半数组织培养感染量（a standard 50% tissue culture infection dose，TCID50）进行分析。

感染途径：滴鼻。

感染后，每天观察动物一般症状，记录体重。

定时收集各组动物脏器，进行 RNA 抽提，利用 RT-PCR 技术，检测组织中病毒载量。

病毒分离。

病理学显微镜下观察。

免疫荧光染色。

感染后第 14 天，分离血清，测定特异性 IgG。

数据用软件分析。

替身感谢词

COVID-19 hACE2 转基因小鼠感染模型。

以下 3 项指标模拟了 COVID-19 患者的主要指标，采用监测临床症状、病毒学和病理学等方法进行分析和鉴定，证明并确定该 SARS-CoV-2 动物模型成功建立。

临床表现：临床症状观察包括动物的体重变化，一般症状观察包括弓背、竖毛、反应度降低等。动物感染后主要表现为明显的体重下降，部分动物竖毛，没有其他明显的症状。与其他传染病有替身资格"上岗证"的成员类似，体重下降百分比与疾病状态呈正相关。

病毒学检测：在肺组织中可以检测到病毒 RNA 并能分离到活病毒，在组织匀浆中电子显微镜下可以观察到病毒颗粒，证实从被感染动物中可以分离到病毒，分别在感染后第 3 天和第 5 天检测到肺组织病毒载量，在病因上成功模拟 COVID-19。

病理学检测：被感染动物的肺组织出现间质性肺炎，呈弥漫性中度间质性肺炎改变，可见肺泡隔增宽、炎细胞浸润，血管周围炎细胞浸润，肺泡腔内可见巨噬细胞及少量蛋白渗出，在间质性肺炎和巨噬细胞浸润方面与临床一致。

有替身资格"上岗证"的成员在应用过程中多次重复，至少重复 40 次以上，每次将 6 只小鼠作为模型对照组，体重下降百分比、肺组织病毒载量和肺组织病理表现一致。

由于当时尚无治疗 COVID-19 的阳性药和有效疫苗，本模型在应用过程中进行验证，筛选到 10 种以上有效药物、抗体或疫苗，证明该模型适用于药效学评价。

所有涉及的病毒实验操作全部在动研所 ABSL-3 实验室完成，该实验室已经具备相关实验室和福利伦理资质。

根据模型的主要表现，该模型用于研究、疫苗和药物评价时，与模型对照组相比，主要检测干预组的 3 类指标。

与模型对照组相比，观察感染小鼠的体重下降百分比改变情况；检测感染小鼠第 3 天和第 5 天肺组织内病毒载量变化情况；检测感染小鼠间质性肺炎的病理学改变情况。

该模型模拟了临床上的普通型 COVID-19 患者，在病毒学、病理学上模拟了 COVID-19 的典型特征。该模型是国际上第一个报道的 COVID-19 有替身资格"上岗证"的成员，突破了致病机制研究、疫苗和药物研发的关键技术瓶颈，论文发表在 *Nature* 上，公布了全球第一张 COVID-19 病理学图片，遵照 Koch 法则证实了致病病原体，体内证实了病毒入侵受体。

应用该模型，初步阐明了病毒经呼吸道飞沫、气溶胶、密切接触途径传播的能力，评价了疫苗和药物40余种，包括全球第一个药物、第一个疫苗和第一个抗体。

7. COVID-19 仓鼠感染模型

仓鼠模型曾被用于 SARS-CoV 感染模型的研制，并且研究发现仓鼠对 SARS-CoV-2 敏感，感染后表现为体重下降、肺组织内病毒复制和肺组织病理改变，有望成为研究发病机制、评价疫苗和药物的有替身资格"上岗证"的成员。

仓鼠经滴鼻感染 SARS-CoV-2 后，体重下降 7%~16%。肺组织内第 2~5 天为病毒高峰期，感染后第 7 天可检测到病毒核酸，但是未分离到活病毒。

从肺组织病理来看，仓鼠感染后第 2 天开始出现间质性肺炎，在第 7 天最严重，肺组织 30%~60% 区域出现间质性肺炎。

替身墓志铭

来自北京华阜康生物科技股份有限公司仓鼠（叙利亚金黄地鼠）。SPF 级，雌雄均有。

体重 120~180 g，12~25 周。

实验中涉及动物的所有程序均经 IACUC 审核和批准。

毒株名称：SARS-CoV-2。

毒株来源：由动研所分离自武汉患者样本，SARS-CoV-2 的全基因组序列存储于 Genbank（SARS-CoV-2/WH-09/human/2020/CHN/MT093631.2）。

毒株培养。

SARS-CoV-2 的病毒滴度用标准的半数组织培养感染量（a standard 50% tissue culture infection dose，TCID50）进行分析。

感染途径：滴鼻。

设立对照组。

感染后，每天观察动物一般症状，记录体重。

定时收集各组动物脏器，进行 RNA 抽提，利用 RT-PCR 技术，检测组织中病毒载量。

病毒分离。

病理学观察。

免疫荧光染色。

感染后第 14 天，分离血清，测定特异性 IgG。

数据用软件分析。

替身感谢词

COVID-19 仓鼠感染模型。

以下 3 项指标模拟了 COVID-19 患者的主要指标，采用监测临床症状、病毒学和病理学等方法进行分析和鉴定，证明并确定该 SARS-CoV-2 动物模型成功建立。

临床表现：临床症状观察包括动物的体重变化，一般症状观察包括弓背、竖毛、反应度降低等。动物感染后主要表现为明显的体重下降，动物弓背、竖毛、嗜睡、呼吸困难，部分动物行动迟缓，没有其他明显的症状。与其他 COVID-19 有替身资格"上岗证"的成员相比，体重下降和症状较为明显。

病毒学检测：在肺组织中可以检测到病毒 RNA 并能分离到活病毒，证实从被感染动物中可以分离到病毒，分别在感染后第 1、第 3、第 5、第 7 天可检测到肺组织病毒载量，在病因上成功模拟 COVID-19。

病理学检测：被感染动物的肺组织出现间质性肺炎，呈弥漫性重度间质性肺炎改变，可见肺泡隔增宽、炎细胞浸润，血管周围炎细胞浸润，肺泡腔内可见巨噬细胞及少量蛋白渗出，在间质性肺炎和巨噬细胞浸润方面与临床一致。

动物模型在构建过程中共使用了 18 只仓鼠，保证数据有统计学意义。模型在应用过程中多次重复，至少重复 5 次以上，每次将 6 只仓鼠作为模型对照组，体重下降百分比、肺组织病毒载量和肺组织病理表现一致。

由于当时尚无治疗 COVID-19 的阳性药和有效疫苗，本模型在应用过程中进行验证，筛选到 1 种以上有效疫苗、1 种有效的抗体，证明该模型适用于药效学评价。

所有涉及的病毒实验操作全部在动研所 ABSL-3 实验室完成，该实验室已经具备相关实验室和福利伦理资质。

根据模型的主要表现，该模型用于研究、疫苗和药物评价时，与模型对照组相比，主要检测干预组的 3 类指标。

与模型对照组相比，观察感染仓鼠的体重下降百分比改变情况；检测感染仓鼠第 7 天肺组织内病毒载量变化情况；检测感染仓鼠第 7 天间质性肺炎的病理学改变情况。

仓鼠模型表现为体重下降、病毒在肺组织和气管内复制，肺组织表现为间质性肺炎改变。与其他 COVID-19 的有替身资格"上岗证"的成员相比，仓鼠模型的体重下降严重，体重下降百分比接近 20%，肺组织表现为重度间质性肺炎。与国际报道的 COVID-19 仓鼠模型相比，本研究构建的仓鼠模型病程较长，感染后 18 天肺炎尚未完全恢复，模拟了临床上的重症 COVID-19 和恢复期症状。

应用该模型，评价了疫苗和药物近 10 种，包括全球第一个减毒疫苗、第一个双靶点抗体等。

8. COVID-19 实验猫感染模型

此前有报道宠物猫可以感染并传播 SARS-CoV-2，也发现了 SARS-CoV-2 从患者传到猫的案例。但该病毒感染猫后的病毒分布、病理表现等致病力未知，尚无实验猫模型。

研究发现宠物猫对 SARS-CoV-2 敏感，感染后可在呼吸系统和肺组织内持续检测到病毒核酸，并且 SARS-CoV-2 可在同居猫之间传播。

替身墓志铭

来自华北制药股份有限公司实验猫（虎斑猫）。

体重 120 ~ 180 g，9 ~ 12 月龄。

普通级，雌雄均有。

实验中涉及动物的所有程序均经 IACUC 审核和批准。

毒株名称：SARS-CoV-2。

毒株来源：由动研所分离自武汉患者样本，SARS-CoV-2 的全基因组序列存储于 Genbank（SARS-CoV-2/WH-09/human/2020/CHN/MT093631.2）。

毒株培养。

SARS-CoV-2 的病毒滴度用标准的 TCID50 进行分析。

感染途径：滴鼻。

设立对照组。

感染后，每天观察动物一般症状，记录体重。

定时收集各组动物脏器，进行 RNA 抽提，利用 RT-PCR 技术，检测组织中病毒载量。

病毒分离。

病理学观察。

免疫荧光染色。

感染后第 14 天，分离血清，包被 S 蛋白抗原，测定特异性 IgG。

数据用软件分析。

猫感染后第 1~2 天出现腹泻，随后有一过性的体重下降，体重与体温变化无临床意义，未见活动度下降、竖毛、呼吸频率增加等其他症状。

在实验猫感染后第 3、第 5、第 7、第 9、第 11、第 13、第 14 天分别收集咽拭子和肛拭子，用以检测实验猫的排毒情况。感染后实验猫的咽拭子和肛拭子可检测到高水平的病毒载量。

实验猫感染后第 7 天解剖，收集各组织检测病毒核酸，在气管和肺组织内检测到组织内病毒载量。

在实验猫感染后第 14 天收集各组织，用免疫组化检查病毒在实验猫体内的分布情况，发现病毒主要分布于肺脏内肺泡上皮细胞和肠道内。

实验猫感染后肺组织呈弥漫性中度间质性肺炎改变，可见弥漫性肺泡损伤，肺泡隔增宽、炎细胞浸润，血管周围炎细胞浸润，肺泡腔内可见巨噬细胞及少量蛋白渗出，出现少量的胶原纤维增生；表现出细支气管炎，可观察到肿胀、变性与渗出，血管周围出现淋巴细胞、单核细胞和嗜中性粒细胞浸润。

感染实验猫第 11 天和第 14 天分离血清，检测到高水平的特异 IgG 产生。

替身感谢词

COVID-19 实验猫（虎斑猫）感染模型。

以下 3 项指标模拟了 COVID-19 患者的主要指标，采用监测临床症状、病毒学和病理学等方法进行分析和鉴定，证明并确定该 SARS-CoV-2 动物模型成功建立。

临床表现：临床症状观察包括动物的体重变化，一般症状观察包括弓背、竖毛、反应度降低等。动物感染后主要表现为体重轻微下降和腹泻，没有其他明显的症状。

病毒学检测：在肺组织中可以检测到病毒 RNA 并能分离到活病毒，证实从被感染动物中可以分离到病毒，分别在感染后第 1、第 3、第 5、第 7、第 9、第 11 天可检测到咽拭子中的病毒核酸，在病因上成功模拟 COVID-19。

病理学检测：被感染动物的肺组织出现间质性肺炎，呈弥漫性中度间质性肺炎改变，可见肺泡隔增宽、炎细胞浸润，血管周围炎细胞浸润，肺泡腔内可见巨噬细胞及少量蛋白渗出，在间质性肺炎和巨噬细胞浸润方面与临床一致。

动物模型在构建过程中共使用了 6 只实验猫，保证数据有统计学意义。模型应用于灭活疫苗对猫的保护性评价，使用了 4 只实验猫，重复 1 次。两批次实验在肺组织病毒载量、肺组织病理表现方面一致。

由于当时尚无治疗 COVID-19 的阳性药和有效疫苗可供进行模型检验，本模型在应用过程中进行验证，筛选到 1 种以上有效疫苗，证明该模型适用于药效学评价。

应用该模型，初步阐明了病毒经呼吸道飞沫、气溶胶、密切接触途径传播的能力，评价了疫苗和药物四十余种，包括全球第一个药物、第一个疫苗和第一个抗体。

所有涉及的病毒实验操作全部在动研所 ABSL-3 实验室完成，该实验室已经具备相关实验室和福利伦理资质。

根据模型的主要表现，该模型用于研究、疫苗和药物评价时，与模型对照组相比，主要检测干预组的 2 类指标。

与模型对照组相比，检测感染实验猫第 7 天气管和肺组织内病毒载量变化情况；检测感染实验猫第 7 天间质性肺炎的病理学改变情况。与其他 COVID-19 的小鼠和仓鼠模型相比，实验猫模型的体重和体温变化不明显，肺组织表现为中度间质性肺炎，病程较长，感染后第 14 天仍可见间质性肺炎。同时，实验猫表现出特异的细支气管炎。

应用该模型，开展了传播力的研究，发现 SARS-CoV-2 不具备在猫间大规模传播的能力，并证实现在研发的 SARS-CoV-2 灭活疫苗可有效保护猫。

9. 恒河猴动物模型的建立并证实免疫系统对 SARS-CoV-2 再感染的保护作用

秦川教授选择恒河猴，既是系统比较生物学与比较医学分析后的结果，也是 SARS-CoV 恒河猴动物模型研制与分析形成的基础研究积累。早在 SARS-CoV 动物模型研制时，科研团队通过体内外感染实验，证实了恒河猴的 ACE2 可以支持 SARS-CoV-2 的感染与复制。

此次 SARS-CoV-2 疫情暴发，分析推测 ACE2 可能为 SARS-CoV-2 入侵受体后，她果断再次选择了恒河猴。通过接种支气管、黏膜等多种途径感染动物。研究表明，尽管动物表现为轻度临床症状，未出现像患者一样的严重临床疾病，但灵长类动物上下呼吸道均具有高水平的病毒复制，并能在鼻咽、呼吸道和肺部分离到病毒，导致病毒性间质性肺炎，可诱导机体产生体液和细胞免疫应答，在感染的恒河猴中可能观察到血液学变化，并伴有 T 细胞活化，轻度淋巴细胞减少和中性粒细胞减少。

考虑到老年人中 SARS-CoV-2 的感染与重症临床结果有关，因此建立了不同年龄恒河猴模型，研究年龄对 SARS-CoV-2 感染的影响。研究表明，与年轻动物相比，老年动物从鼻子和喉咙中排出病毒的时间更长，在老年动物的肺组织中也检测到较高的病毒载量。总体而言，SARS-CoV-2 在老年猴中引起的间质性肺炎比在青年猴中更严重，从临床症状、病毒复制、胸部 X 光片、组织病理学变化和免疫反应等方面都证明了这一点。建立与年龄相关的 SARS-CoV-2 感染动物模型，对进一步研究 SARS-CoV-2 的致病性，以及疫苗和治疗药物的评价具有重要意义。

10. COVID-19 恒河猴感染模型

因为 SARS-CoV-2 跟 SARS-CoV 具有高度的同源性，在 SARS-CoV 动物模型研制期间，发现恒河猴对该病毒敏感，感染病毒后，可在肺组织内复制，且宿主免疫反应和病理表现与临床相似，因此选用恒河猴用于模型构建。

替身墓志铭

来自动研所恒河猴 3~5 岁 3 只，15 岁 2 只。

SPF 级。

实验中涉及动物的所有程序均经 IACUC 审核和批准。

毒株名称：SARS-CoV-2。

毒株来源：由中国疾控中心谭文杰教授提供，SARS-CoV-2 的全基因组序列可以在 GISAID（BetaCoV/Wuhan/IVDC-HB-01/2020 | EPI_ISL_402119）获得，存放于中国国家微生物数据中心（登录号 NMDC10013001，基因组登录号 MDC60013002-01）。

毒株培养。

SARS-CoV-2 的病毒滴度用标准的 TCID50 进行分析。

感染途径：滴鼻。

设立对照组。

感染后每天监测体温，记录一般症状、体重，监测周期 14 天。

采集第 3、第 4、第 5、第 6、第 7、第 9、第 11、第 14 天咽拭子、鼻拭子和肛拭子，感染后 7 天处死 1 只猴，采集气管、肺、脾、肠、肝、肾、脑、心、淋巴结进行 RNA 抽提，利用 RT-PCR 技术，检测组织中病毒载量。

病毒分离。

影像学检查：感染后第 0、第 3、第 5、第 7、第 9、第 11、第 13、第 15 天做 X-RAY 检测。

病理学观察：感染后 7 天处死 1 只猴，采集气管、肺、脾、肠、肝、肾、脑、心、淋巴结进行病理检查。

免疫荧光染色及免疫组化。

免疫学检测：感染后第3、第4、第6、第7、第11、第14天全血进行白细胞、淋巴细胞、单核细胞检查和 $CD3^+$、$CD4^+$、$CD8^+$、巨噬细胞、单核细胞，以及血清中特异性抗体。

数据用软件分析。

恒河猴感染后一般状态尚可，活动下降，体重未发生明显变化。3只猴感染后体温未发生明显变化。

不同年龄组恒河猴在感染后第3、第4、第5、第6、第7、第9、第11、第14天采集鼻拭子、咽拭子、肛拭子进行病毒载量检测。结果显示在鼻和咽部可持续11天检测到大量病毒核酸，在消化道可持续检测到病毒核酸的时间为11天。其中，鼻部和咽部的病毒高峰期在第3~6天，消化道的病毒高峰期在第3~7天，消化道病毒载量低于呼吸道病毒载量，但病毒在消化道复制持续时间更长。

恒河猴感染后第7天，采集气管、肺、脾、肠、肝、肾、脑、心进行病毒载量检测。结果在鼻、扁桃体、下颌淋巴结、气管和左肺上叶检测到病毒核酸。

恒河猴感染7天后尸检，通过免疫组化可在肺部和小肠内检测到病毒抗原，主要分布于肺泡上皮、肠上皮及肺肠的巨噬细胞内。

恒河猴感染7天后尸检，大体病变，右肺出现深红色多灶性病变，斑块大小不一，或散在或连成一片。

主要组织病理学改变：肺脏血管扩张充血，肺泡隔增宽，炎细胞浸润。肺泡内巨噬细胞渗出，血管周围炎细胞浸润。与青年组恒河猴相比，老龄猴感染后表现为极重度的间质性肺炎，出现大量的浆液性渗出。

右肾间质小灶性炎细胞浸润；鼻甲局部上皮脱落。胃黏膜炎细胞浸润。扁桃体黏膜表面可见脓性渗出物。十二指肠、回肠黏膜炎细胞浸润，上皮细胞脱落。空肠绒毛内可见寄生虫卵。唾液腺小灶性炎细胞浸润。

影像学检查：感染后，隔天检测恒河猴的肺部影像学改变，第11天右肺上叶透亮度减低，其内可见增粗肺纹理，呈磨玻璃密度改变，水平裂可见，呈细线状。第13天右肺上叶透亮度进一步减低，肺纹理增粗，部分显示不清，水平裂不均匀增厚；左肺上叶肺条理增粗，呈磨玻璃密度改变。第15天时，右肺上叶实变，边缘模糊，内可见支气管像，水平裂增厚；左肺上叶肺条理增粗，呈磨玻璃密度改变。与青年组恒河猴相比，老龄组恒河猴感染后肺组织影像学改变范围更广。

免疫学检测：恒河猴感染后第3天，白细胞、淋巴细胞绝对数显著下降，淋巴细胞和单核细胞比例上升，这与临床患者表现极为接近。感染后 $CD3^+CD8^+$ 细胞、$CD3^+CD4^+$ 细胞和单核巨噬细胞绝对数量显著下降，这种表现与临床患者极为接近，分析与病毒感染直接相关。

恒河猴感染后第3、第4、第6、第7、第11、第14天检测血清中特异性IgG，结果显示恒河猴产生特异性IgG有明显的个体差异。

替身感谢词

COVID-19恒河猴感染模型。

以下5项指标模拟了COVID-19患者的主要指标，采用监测临床症状、病毒学、病理学、影像学和免疫学等方法进行分析和鉴定，证明并确定该SARS-CoV-2动物模型成功建立。

临床表现：临床症状观察包括动物的体重变化，一般症状观察，包括活动度等。动物感染后主要表现为明显的体重下降，活动下降，没有其他明显的症状。

病毒学检测：在肺组织中可以检测到病毒RNA并能分离到活病毒，证实从被感染动物中可以分离到病毒。动物可持续11天在鼻拭子、咽拭子和肛拭子中检测到病毒载量。恒河猴感染7天后尸检，通过免疫组化可在肺部和小肠内检测到病毒抗原，主要分布于肺泡上皮、肠上皮及肺肠的巨噬细胞内，其中鼻、扁桃体、下颌淋巴结、气管和左肺上叶中有较高水平的病毒载量。

病理学检测：被感染动物的肺组织出现间质性肺炎，肺脏血管扩张充血，肺泡隔增宽，炎细胞浸润，肺泡内巨噬细胞渗出，血管周围炎细胞浸润，与临床间质性肺炎表现接近。

影像学检测：被感染动物肺纹理增粗，呈磨玻璃密度改变，水平裂可见，呈细线状，部分显示不清，与临床一致。

免疫学检测：被感染动物外周血中白细胞和淋巴细胞下降，与临床一致。

　　动物模型在应用过程中多次被重复，至少重复 10 次以上，每次将 3~4 只恒河猴作为模型对照组，咽拭子、鼻拭子、肺组织病毒载量和肺组织病理表现一致。

　　由于当时尚无治疗 COVID-19 的阳性药和有效疫苗，本模型在应用过程中进行验证，筛选到 3 种以上有效疫苗，证明该模型适用于药效学评价。

　　所有涉及的病毒实验操作全部在动研所 ABSL-3 实验室完成，该实验室已经具备相关实验室和福利伦理资质。

　　根据模型的主要表现，该模型用于研究、疫苗和药物评价时，与模型对照组相比，主要检测干预组的 4 类指标。

　　与模型对照组相比，观察感染恒河猴的鼻拭子、咽拭子和肛拭子内病毒载量；检测感染恒河猴肺部影像改变；检测感染恒河猴间质性肺炎的病理学改变情况；检测感染恒河猴外周血中白细胞和淋巴细胞改变情况。

　　青年组恒河猴感染后模拟了临床上的普通型 COVID-19 患者（中度至重度间质性肺炎），老龄组恒河猴感染后模拟了临床上的重症 COVID-19 患者，表现为重度间质性肺炎和严重的渗出。该模型在病毒学、病理学，以及排毒方面模拟了 COVID-19 的典型特征，是国际上第一个报道的 COVID-19 恒河猴模型，突破了致病机制研究、疫苗和药物研发的关键技术瓶颈，论文发表在 *AMEM* 上。

　　应用该模型，初步阐明了病毒经粪 – 口、眼结膜途径传播的能力，证实了感染 SARS-CoV-2 后的特异免疫反应可保护机体免受再次感染，评价了疫苗和药物近 20 种，包括全球第一个疫苗，多篇论文发表在 *Science*、*Cell* 等期刊上。

11. SARS-CoV-2 有替身资格"上岗证"的成员的广泛应用，提高了我国的科技水平

　　初步揭示了 SARS-CoV-2 的传播途径。基于有替身资格"上岗证"的成员，国际首次检测了 SARS-CoV-2 经呼吸道飞沫、密切接触、气溶胶、眼结膜、消化道等途径的传播或感染能力，成果被写入卫健委 COVID-19 诊疗方案第六版，并在国务院应对 COVID-19 联防联控机制新闻发布会上发布，为

疫情防控、消除恐慌和恢复经济秩序提供了科学依据。

筛选到系列有效药物并临床应用。基于有替身资格"上岗证"的成员，创建了 COVID-19 治疗药物的有替身资格"上岗证"的成员有效性评价技术体系，完成了 120 余种药物筛选，筛选到有效药物 8 种，分别被写入卫健委 COVID-19 诊疗方案第二、第三、第四、第七版，提高了临床救治水平。

抗体评价。基于转基因小鼠和金黄地鼠模型，创建了 COVID-19 抗体的有替身资格"上岗证"的成员有效性评价技术体系，评价了全球首个人源单克隆抗体的预防及治疗效果，探索了治疗时间窗和剂量，为临床使用提供了参考信息。

完成了国家部署疫苗的有替身资格"上岗证"的成员有效性评价。国际第一个建立了 COVID-19 疫苗的有替身资格"上岗证"的成员有效性评价方法，并在国际上第一个公布，为国际疫苗评价提供了"中国技术""中国标准"，在国际上率先解决了 COVID-19 疫苗研发的"卡脖子"，使我国成为全球第一个可以遵照科学程序研发 COVID-19 疫苗的国家。同时，秦川教授带领科研团队第一时间将 COVID-19 疫苗的有替身资格"上岗证"的成员评价技术和标准向全球共享，促进了全球的 COVID-19 疫苗研发工作。

该科研团队在国际上完成了第一个疫苗的动物模型评价，主导了国家部署的不同技术路线疫苗有效性的动物模型评价，截至目前，已经完成近 50 种疫苗的动物模型有效性评价，完成了国家部署的 80% 的疫苗评价，其中 11 种进入临床试验，包括全球第一个进入临床试验的疫苗、第一个紧急使用的疫苗、第一个获批上市的疫苗，以及国外第一个上市的疫苗，为全球 COVID-19 疫情拐点出现做出了重要贡献，并撬动了巨大的经济价值，如疫苗的动物模型评价报告完成后，国内 1 家重组疫苗企业市值增长 1500 亿元，辉瑞医药市值增长 260 亿美元。

SARS-CoV-2 疫情的暴发，对全球疫苗研发技术而言，是一次严峻的考验。mRNA 疫苗、腺病毒载体疫苗、DNA 疫苗等真正的站稳了人类疫情防控历史的舞台。在这个过程中，有替身资格"上岗证"的成员不仅是裁判员，还是教练员；不仅是试金石，还是磨刀石。例如：重组蛋白，除了对抗原的选择，还涉及大肠杆菌表达、酵母表达、昆虫细胞表达、哺乳动物细胞表达等多种生产和后续纯化工艺的选择，哪一种工艺安全有效，无从而知。例如：mRNA 疫苗，国际久负盛名的 mRNA 疫苗研发机构，茫然送来了 6 种技术路线的疫苗产品，目光无奈但又满怀希冀，希望通过有替身资格"上岗证"的成员一锤定音，帮他们选定好的产品。否则，6 种路线产品齐头并进会把公司活活拖死。科研团队基于规范、准确的动物模型，一次次反复测试、比对和遴选，促进了 5 条技术路线疫苗，尤其是新型技术路线疫苗走向成熟，既促进了 COVID-19 疫苗的快速进步，也为未来疫苗研发中的技术路线选择做出了重要贡献。

发展前景与展望。新型冠状病毒疫情全球暴发短短几年来，发生了许多变异。早期病毒出现变异，感染传播性比之前高出了 3～9 倍，研究人员将这种变异的病毒称之为"614 G"，目前，变异病毒已经完全取代了之前在美国和欧洲的"614 D"病毒。尽管该病毒的传染性更强，但并没有发现该病毒的致命性更强。英国流行的 B.1.1.7 变异毒株中也发现了 501Y 突变，被称为 501V1 突变株。初步信息显示，病毒不只发生一种突变，可能会出现"高度传染性、显然更致命的"病毒变异。之后病毒在南非等地出现了501V2 突变株，与英国的 501V1 突变株相比，新增了 484K 与 417N 突变。初步研究称，这两个位点的突变并不一定意味着该变种将变得更具传染性，但这种冠状病毒新变种似乎限制了疫苗对 SARS-CoV-2 感染的保护，让人惊叹不已。不管怎样，SARS-CoV-2 变异株传染性更强是学界共识，同时越来越多的证据表明一些变异株的致死率也更高，尤其是首先在英国发现的SARS-CoV-2 变异株。此外，变异病毒的广泛传播可能会导致二次感染和疫苗失效等后续问题，给疫情防治带来雪上加霜的困境。因此，应对病毒变异，制备针对性强、适用性强的有替身资格"上岗证"的成员体系，阐明变异基础、免疫逃避、药物疗效、疫苗策略等显得非常重要和迫切。

研究成果。在我国 SARS-CoV-2 疫情防控中，动物模型是科研攻关最重要的方向之一，是阐明致病机制和传播途径、筛选药物和评价疫苗的基础研究工作。动研所科研团队与中国疾病预防控制中心病毒病预防控制所武桂珍、谭文杰团队，中国医学科学院病原生物学研究所王健伟团队合作，通过比较医学分析，培育了病毒受体高度人源化的动物，建立了模型特异的检测技术，证实了病毒入侵受体，遵循 Koch 法则证实了致病病原体，揭示了COVID-19 免疫特征和病理特征，再现了病毒感染、复制、宿主免疫和病理发生过程，系统模拟了 COVID-19 的不同临床特征，在国际上第一个构建了动物模型。应用有替身资格"上岗证"的成员，阐明了系列疾病机制，筛选到了系列有效药物，完成了国家部署的 80% 以上疫苗评价，模型研制方法和标准提供给 WHO，供国际研究使用。

对严重威胁人类健康的冠状病毒疾病的预防，可以通过切断传染源等综合措施发挥作用，但对于发病机制、治疗策略、药物筛选、疫苗评价、动物模型制备等研究不可或缺。在模型构建方面，充分进行了病原特性的比较医学分析，正确选定了 hACE2 转基因小鼠、恒河猴等动物作为 SARS-CoV-2 感染模型，避免了延误时机。我国创建了国际第一个 SARS-CoV-2 转基因小鼠模型和 SARS-CoV-2 恒河猴模型，远远领先美国等先进国家，率先突破了疫苗和药物从实验室走向临床的瓶颈，为我国研发第一个疫苗和药物，赢得了时间。*Nature* 发表专题评论，称中国在国际上最早建立了 SARS-CoV-2 动物模型，将有力支撑疫苗和药物筛选，保障疫情防控，这在历史上是少有的。让我们来总结一下大家族成员的贡献吧。

首先基于动物模型的成功建立，在体内再现了 SARS-CoV-2 感染、复制、机体免疫反应和发病的全过程，体内证实了病毒受体，促进了对 SARS-CoV-2 的科学认识。

其次明确了传播途径。针对传播途径不十分清楚，众说纷纭，直接关系疫情科学防控。科学家基于有替身资格"上岗证"的成员，经过替身实验，评估了病毒经呼吸道飞沫、密切接触、气溶胶、眼结膜和粪 – 口传播的能力和不同的可能性，有关发现写入了卫健委 COVID-19 诊疗方案第六版，为疫情科学防控、消除公众恐慌、复工复产恢复经济秩序提供了科学依据。

再次是应急药物筛选。团队基于 SARS 和 MERS 期间应急药物评价的基础，在疫情初期，分析了曾经在 SARS 与 MERS 有替身资格"上岗证"的成员内证明对冠状病毒有效的药物并上报，分别写入卫健委 SARS-CoV-2 诊疗肺炎第二版和第三版，缓解了无药可用的紧张局面。然后，应用有替身资格"上岗证"的成员，完成了 130 种药物的有效性评价，筛选到的 8 种有效药物写入卫健委 COVID-19 诊疗方案第四至第七版。

最后是疫苗保护性评价工作，根据我国联防联控机制攻关组部署，完成了国家部署的五条技术路线的 80% 的疫苗评价，其中 11 种已经进入临床试验，包括全球第一个进入临床试验的疫苗、第一个紧急使用的疫苗、国际第一个和国内第一个获批上市的疫苗。

COVID-19 动物模型的成功构建，是在长期比较医学基础研究和动物模型资源建设基础上取得的成果，是中国实验动物学科支撑医学前沿创新、促进医药经济发展、满足国家生物安全和传染病防控重大需求、保障人民生命健康的典型成果。同时，充分体现了我国集约化、规范化的人类疾病动物模型平台在保障国家安全和人民健康，促进我国医药科技进步的关键作用，平台为我国传染病综合防控筑起了无可替代的万里长城。

我们要面对的，绝不仅仅是 COVID-19。心血管疾病、肿瘤、糖尿病、慢性呼吸系统疾病等四大慢性病，退行性疾病、器官衰竭等疾病，随时可能突发的传染病等，均是人类健康的潜在杀手。科学技术是战胜疫情最有力的武器，同样是人类攻克疾病的最有力武器。现代医学科技发展史已经充分证明了，有替身资格"上岗证"的成员是医学进步、医药研发的基础，拥有了丰富、先进、可靠的有替身资格"上岗证"的成员资源，才能稳稳占据医学科技竞争与医药产业竞争的上游。

同时，我们也要看到，万里长城不是一天建成的，动物模型理论与技术的进步、资源的积累绝非一日之功，美国国会对动物模型领域进行了长达半个世纪的稳定资助，采用了领先全球的动物模型技术与资源，保障了其在生物医药领域的遥遥领先地位。有替身资格"上岗证"的成员这种关系国家安全、人民健康、医学科技创新与医药经济发展的战略资源，宁可备而不用，不可用而不备，应该加大该领域的技术创新与基础研究，把医学发展与医药原始创新的地基筑牢、道路拓宽。

12. 国家传染病研究

全世界每年死于感染性疾病的患者多达 2400 万，超过非传染性疾病致死人数（1600 万）的总和。目前，全球 AIDS 人数突破 3500 万，乙肝携带者达 3.5 亿人，结核患病病例达 1100 万，这三大传染病是威胁我国人民健康，乃至威胁世界的主要原因。自 2019 年 12 月 SARS-CoV-2 大流行以来，截至 2022 年 3 月 6 日，全球累计 COVID-19 感染确诊人数已达 4.45 亿，累计死亡人数超过 602 万。同时，近年来 H7N9、H5N1 疫情多次暴发，多地出现由 MERS、登革热病毒（dengue virus，DENV）、ZIKV 等引起的新发突发传染病，加上早期发现的重大传染病原如 HIV、HBV 等尚待攻克，形成了"新发""旧发"重大传染病原并存叠加的严峻局面。以病毒为主的传染病原引起的疫病流行严重威胁人们的生命健康，对社会安定、经济发展都产生了重大不利影响。在传染病防控和研究中，动物模型有着重要的用途。

传染病引起的疫病流行严重威胁人们的生命健康，俨然已成为动摇社会安定局面的重大风险。有替身资格"上岗证"的成员在传染病防控中有着重要的用途。而在我国，在疫病暴发时，往往缺乏立即可用、敏感有效的有替身资格"上岗证"的成员，该问题已成为疫病研究与防控的瓶颈因素之一。产生该问题的原因有以下4点。

①新发突发病原的不断出现导致的模型资源类型短缺，我国易感模型资源库亟待丰富资源，增加品系。

②因早期技术水平限制、感染与宿主免疫机制不明，导致现有部分模型质量欠缺，不能很好地模拟临床感染。

③缺乏标准而规模化的供应体系，导致质量不稳定，不能及时提供，难以满足疫病防控需求。

④缺乏传染病模型资源的共享机制与平台，导致大量已建模型囿于实验室，人为造成资源短缺与重复建设。

从"丰富传染病模型资源库、提升模型质量、建立模型标准与规模化供应体系、促进资源共享"4个层面，破解困扰我国新发突发重大传染病易感模型缺乏的瓶颈问题，保障国家的重大战略需求。

以传染病动物模型资源研制、关键技术突破和转化研究为主要任务，其中传染病有替身资格"上岗证"的成员及相应技术体系是传染病感染机制和免疫机制研究、病原溯源、传播途径和传播力预警、药物和疫苗等生物制剂评价等不可或缺的支持条件，是国家传染病防控研究体系的支撑环节，主要体现在以下3个层次。

第一，深入开展重大传染病和新发再发传染病的动物模型研究，建立高水平的实验动物技术平台，可以为传染病研究和前沿技术研发提供满足不同目的、前沿性的动物模型及分析条件。

第二，以有替身资格"上岗证"的成员为基础的突发传染病传播预警技术，可以为国家制定控制传染病传播方面的政策提供替身实验依据。

第三，以规范化的有替身资格"上岗证"的成员和评价技术为基础建立的药效学评价体系，为传染病的药物和疫苗研发提供体内药效学评价支撑，是促进关键技术集成转化、实现传染病降两率（发病率、传染病率）的保障条件。

围绕AIDS、病毒性肝炎及结核等重大传染病的防治新需求，突发传染病的应急防治需求，以及传染病防治研究的精细化对有替身资格"上岗证"的成员的多样化需求，在"十一五""十二五"技术集成和资源积累的基础上，通过病原易感动物资源研制、重大传染病动物模型研制及优化、突发传染病有替身资格"上岗证"的成员储备及传播预警技术研究，在模型研制技术、传播预警技术创新及规范化方面进一步突破扩大病原易感动物资源储备并系统提升突发传染病的有替身资格"上岗证"的成员保障能力，针对重大传染病的防治新形势提供对应性的有替身资格"上岗证"的成员，建成国际领先的传染病有替身资格"上岗证"的成员支撑平台。

围绕研究目标和主要研究内容，以及动物模型关键技术、动物模型研制和标准化、动物模型资源应用示范三个领域，重点研究 3 个方面内容。具体如下。

（1）重大及突发传染病动物模型关键技术研究

围绕完善和增加重大突发急性传染病的有替身资格"上岗证"的成员为目标，以技术创新为主，开展病原易感物种培育、基因多态性动物培育、病原易感动物品系研制及微生物控制等技术研究，提高突发传染病的动物模型应急创制能力；集成人源化、诱导转基因、可视化和单细胞测序等技术，优化 AIDS 功能性治愈评价、乙肝诱导的终末期肝炎和肝癌、耐药及潜伏结核的研究模型；研究突发传染病的动物模型毒力比较、跨物种传播和病原特异性检测等技术，形成新病原的动物模型预警技术规范；通过病原易感动物的种群扩大及质量控制技术、疾病多物种模型的比较医学分析技术，提高动物资源保种育种、供应规范化，以及药效学体内评价技术的规范化，提高共享能力。包括以下具体内容。

已有动物模型产业化及共享体系建立。完成常用有替身资格"上岗证"的成员资源的产业化供应，扩大支撑范围。

传染病有替身资格"上岗证"的成员数据库及网络共享体系。将已有传染病的有替身资格"上岗证"的成员数据信息汇总，录入已经建立的比较医学信息库，建立传染病比较医学信息库的网络共享平台，供科研院所、医药研发机构登录查询。

药物、疫苗和抗体的有替身资格"上岗证"的成员评价能力优化和升级。通过多物种有替身资格"上岗证"的成员信息的比较分析，对标准化有替身资格"上岗证"的成员评价药物和疫苗指标进一步优化。建立反映人类疾病病程、临床特征、病理表现、免疫反应等的比较医学评价指标。针对新发传染病研究的药物及疫苗快速评价体系。中药、新型药物和生物制剂适用的有替身资格"上岗证"的成员评价指标和技术规范。

病原易感物种资源扩大及保种。维持现有传染病敏感动物资源，引进豚尾猴、狒狒，进一步丰富和扩大敏感动物资源储备。

协同重组近交系小鼠表型信息采集及病原易感品系鉴定。完成小鼠免疫、生理、发育的基础指标分析测定，建立多种品系小鼠的表型信息库，为病原敏感品系的筛选和品系使用提供基础数据。

主要组织相容性复合体（MHC）基因人源化小鼠研制。获得人主要组织相容性复合体（HLA）类转基因小鼠。

病原易感及免疫相关基因修饰动物品系研制。研制系列病原敏感及免疫相关基因工程大鼠、小鼠。

结核疾病相关的基因修饰大鼠、小鼠品系研制。针对结核感染，利用基因剔除、转基因等技术，建立与结核感染相关的基因工程小鼠和大鼠模型多个品系。

感染研究用动物的特殊病原控制。建立特种病原实验的 SPF 微生物质量控制标准。

AIDS 有替身资格"上岗证"的成员的扩展及优化。研制 AIDS 恒河猴潜伏模型、AIDS 脑病模型，以及不同细胞亚群敲除的 AIDS 有替身资格"上岗证"的成员，并制定具针对性的评价体系，为临床治疗方案提供强有力的依据和保证。

AIDS 潜伏感染模型研制。AIDS 潜伏感染恒河猴模型进行比较医学分析研究，通过抑制病毒侵入的长效多肽治疗，建立恒河猴潜伏感染模型。

HBV 感染人源化动物模型研制。获得人源化肝脏/免疫系统双嵌合体小鼠模型。

HCV 感染人源化受体动物模型研制。对 HCV 感染的病毒载量动力学、肝脏及肝外疾病特征进行深入研究，并建立 HCV 疫苗免疫保护和抗病毒药物的评价体系。

土拨鼠终末期肝炎模型及 Cre 诱导的 HBV 转基因大鼠模型。对土拨鼠病毒感染肝炎模型的比较分析，建立 Cre 诱导的 HBV 转基因大鼠模型，乙肝和丙肝分别感染干扰素基因多态性的复杂性状小鼠品系探索性研究。

结核菌基因分型及耐药基因分析。对来自全国结核病耐药监测的结核病患者分离阳性培养物；对耐药结核菌进行基因分型及耐药基因测序，通过聚类分析，确定我国结核病患者中的有代表性的主要流行株。

新型结核有替身资格"上岗证"的成员扩展及优化。评价不同免疫方案的多物种标准化结核动物模型建立和完善，进行基于疫苗评价模型的评价指标研究，进行药效学快速评价的可视化结核有替身资格"上岗证"的成员的探索。

结核有替身资格"上岗证"的成员的单细胞检测技术。通过灵敏的单细胞捕获技术和单细胞测序技术，解决用组织样本测序时或样本少无法解决的细胞异质性难题。

新发传染病监测及毒株库建立。利用反向遗传学技术构建流感病毒的突变株库。利用不同的有替身资格"上岗证"的成员进一步揭示高致病性禽流感跨种感染人的分子机制，鉴定涉及跨种感染和传播能力的关键突变位点，为病毒监测提供分子标记，提供预警。利用合适的有替身资格"上岗证"的成员及时监测季节性流感的抗原漂移程度，为新型流感病毒的预测提供抗原漂移基础数据。通过与香港大学的合作，利用已经建立的呼吸系统传染病病原预测分析系统，对野生动物携带的病原进行筛查和变异追踪监测，对潜在的人兽共患病病毒进行追踪，对可能的新发传染病病原进行预测，指导病原易感动物资源的储备研究。

急性病毒性传染病的免疫损伤小鼠有替身资格"上岗证"的成员及免疫损伤评价体系建立。建立急性病毒性传染病感染免疫损伤小鼠的动物模型，并建立免疫损伤评价体系。

人呼吸道合胞病毒（RSV）感染小鼠模型。利用临床分离的 RSV，分别感染 3~4 周龄的 WTB6 小鼠和 IFNAR KO 小鼠，建立动物模型。

突发传染病有替身资格"上岗证"的成员扩展与集成。以流感病毒等重要新发传染病流行规律为指导，建立 H10N8 等新型流感病毒、冠状病毒等呼吸系统传染病模型；建立媒介传播的 ZIKV、黄热病毒、裂谷热病毒、DENV、汉坦病毒等多物种模型研制；建立 EV71 新流行病原 CA10、CA6、CB5 模型；建立轮状病毒、诺如病毒、细菌性传染病模型。

新病原种间及跨种传播预警技术研究。进行新病原的致病力比较评价技术研究，评价动物分离株在有替身资格"上岗证"的成员和人源细胞中的感染及复制增殖能力，通过多物种有替身资格"上岗证"的成员的集成比较，以及病毒突变株的毒力比较，综合评价突发传染病的潜在致病力。

（2）新发突发重大传染病动物模型的构建及标准化

以动物模型研制为主，对已有易感有替身资格"上岗证"的成员进行整理及标准化、丰富易感有替身资格"上岗证"的成员资源库，新建遗传修饰传染病有替身资格"上岗证"的成员；建立基于人间充质细胞、脐带血干细胞等的人源化有替身资格"上岗证"的成员、树鼩肝嵌合小鼠模型；促进特色动物资源树鼩、旱獭、北平顶猴的人类替身化，维护和扩大种群，达到规模化供应；对模型动物制作、检测、评价等关键环节标准化，制定标准操作规程。包括以下具体内容。

新建基因工程大鼠、小鼠模型，扩充资源库及共享机制。新建多种病原特异受体和免疫缺陷基因工程大鼠、小鼠。建立肠道病毒 D68、MERS-CoV 等感染模型。

构建人间充质干细胞人源化动物模型并建立感染动物模型，构建树鼩肝嵌合小鼠模型并构建感染动物模型。

提升树鼩、旱獭，灵长类等动物资源供应能力，建立感染模型，弥补大鼠、小鼠模型短板。

开展感染模型建立、免疫及致病相关机制研究，特色模型资源的比较组学研究等，建立新突发传染病原感染模型储备库，并建立针对未来新突发传染病模型应急建立机制。

（3）高致病病原有替身资格"上岗证"的成员及应急支撑关键技术研究

自 SARS-CoV 流行后，H5N1、甲型 H1N1、人 H7N9 及 MERS 新发传染病仍然不断出现暴发或流行。非洲 EBOV 大流行、近期出现的 ZIKV 和黄热病疫情等都是威胁人群健康的重大公共卫生问题。在新发传染病防控研究中，建立敏感而稳定的动物模型将是疫苗和药物评价、感染传播及致病机制研究、疫情处置等研究的关键技术支撑和保障。通过"十一五""十二五"传染病重大专项的实施，我国的传染病防治防控水平得到明显的提升。在能力建设中，通过专项课题的实施和推进，有关传染病动物模型及实验研究取得重要进展，目前国内已经形成了以中国医学科学院、军事医学科学院、中国疾病预防控制中心、中国科学院及部分重点高校等为核心团队的重大传染病动物实验技术平台，为传染病专项及创制药专项等有关疫苗和药物评价、感染传播及致病机制研究、疫情处置等提供了有效的技术支持和保障。

主要针对新发传染病病原，如高致病冠状病毒、ZIKV 等，建立敏感动物模型包括人源化动物模型等，为传染病重大专项相关课题研究和传染病防控研究提供技术支撑和服务。针对突发急性传染病防控关键支撑技术研究，为有效应对新发突发重大传染病疫情，着眼于病原、宿主及两者之间的感染免疫关系，开展高致病病原动物模型及应急支撑关键技术研究。建立多种高致病病原非人灵长类大动物模型；发展病原敏感的人源化动物模型及基因工程动物模型；建立能够实时动态、无创可视化反映病原感染与免疫状态的动物模型；研发和培育具有我国人群 MHC 免疫限制性特征的人源化人 MHC 转基因小鼠特色动物模型。通过动物模型规范化研究和规模化繁育，形成高致病病原动物模型实物模型、支撑技术和人才队伍，并在此基础上，综合集成实物资源、技术资源和人力资源建立高致病病原动物模型共享资源库和开放智能培训系统，形成提供常态化服务的技术支撑能力和突发应急处置的应急保障能力。

建立新发高致病病毒感染灵长类大动物感染模型，开展非人灵长类有替身资格"上岗证"的成员应用示范研究，扩大培育病毒受体转基因小鼠，建立感染免疫相关基因修饰小鼠模型；发展病原敏感小动物模型快速制备技术和多模式分子成像监测技术体系。

高致病病原有替身资格"上岗证"的成员技术支撑与应急保障资源库建设。针对构建的动物模型，建立统一的高致病病原有替身资格"上岗证"的成员标准化与质量控制体系；将不同有替身资格"上岗证"的成员研究取得的实物资源、技术资源和信息资源充分集成，建成具有统一规范和资源共享机制的高致病病原有替身资格"上岗证"的成员相关资源库；针对高致病病原有替身资格"上岗证"的成员研究中涉及的理论背景、操作环节、技术规范、生物安全条件等，建立现场模拟与远程网络相结合的高致病病原有替身资格"上岗证"的成员实验操作智能培训系统，与高致病病原有替身资格"上岗证"的成员相关资源库相结合，使高致病病原有替身资格"上岗证"的成员规范化研究的技术支撑服务与应急保障作用进一步拓展，为疫苗、药物、免疫治疗临床前评价服务和新发突发传染病疫情的应急支撑提供常态化的实物储备、技术储备和能力储备。

13. 成果应用及其经济社会效益

（1）创建了国际上首个 SARS-CoV-2 hACE2 小鼠模型，用于候选疫苗的有效性、安全性评价

SARS-CoV-2 能自然感染非人灵长类、仓鼠、雪貂、猫等动物，但无法感染小鼠。利用体内广泛表达 hACE2 分子的转基因小鼠则表明可滴鼻接种 SARS-CoV-2 并成功感染，创建了国际上首个 SARS-CoV-2 hACE2 小鼠模型，用于候选疫苗的有效性、安全性评价。其中发现：中成药 PDL 口服液对新冠病毒具有显著的抑制作用，能够缓解症状和改善肺部炎症；灭活疫苗 Pi-CoVacc 疫苗能够在非人类灵长类动物中引发有效的体液免疫应答，且对猕猴临床体征、血液学、生化指标等的系统分析确认了该疫苗安全性。

（2）人类重大传染病有替身资格"上岗证"的成员体系的建立及应用

建立了覆盖多种高致病病原的易感动物创制技术、动物模型研制技术，建成了安全、快速、系统的模型技术体系。分别创建了易感动物和有替身资格"上岗证"的成员资源库，研制了 MERS、ZIKV 的国际首批模型，用时从 SARS 模型 8 个月缩短至 1～2 个月。提出比较医学理论，以多物种模型体系在不同层面立体化反映全病程，建立比较医学数据库指导模型的精准应用，建立了疫苗、抗体和小分子药物等特异的药效学评价技术体系，建成了国际上高致病病原种类最多、技术系统、资源领先、评价精准的集约化有替身资格"上岗证"的成员体系。

（3）AIDS 潜伏感染恒河猴模型的建立及应用

AIDS 患者用药后病毒潜伏、停药后反弹是现阶段临床治疗的难点，准确模拟该临床特征的有替身资格"上岗证"的成员是研发防治策略的基础。在前期非人灵长类动物 SIV 模型和 SHIV 模型的基础上，创建了 SIV/SHIV 整合型病毒 DNA 的 Alu-PCR 定性和定量检测方法、定量病毒生长检测方法（Q-VOA）等潜伏库大小的评价技术及病毒储存库细胞的评价方法，解决了建立新型 AIDS 有替身资格"上岗证"的成员的技术难题。建立了 AIDS 潜伏感染有替身资格"上岗证"的成员及潜伏库评价指标体系，创建了全球首个强效单药实现长期控制病毒复制的潜伏模型，精准地模拟了当前 AIDS 感染、发病、药物治疗、病毒潜伏、停药后复发等各阶段，并基于比较医学分析实现了分别模拟"AIDS 进展者""精英控制者""长期不进展者"人群，突破了我国 AIDS 功能性治愈药物研发和国际竞争的技术瓶颈，成为国内外评价 AIDS 功能性治愈关键的有替身资格"上岗证"的成员。

目前利用 AIDS 潜伏模型已经完成了数十种杀微生物剂、疫苗、药物、基因治疗等防治策略的有效性评价，其中包括我国科学家自主研发的国家一类抗 AIDS 新药"利普韦肽"，该药物已经转化，并获得了临床试验批件。中国首个自主研发上市的抗 AIDS 药"艾博卫泰"的新用途，该药物与"国产大飞机""嫦娥四号""北斗三号"等并驾齐驱，列为 2018 年中国科技十大进展。基于不同药物作用机制和 AIDS 疾病特征的比较医学分析，选择准确的有替身资格"上岗证"的成员应用于不同疫苗和药物评价，并建立了针对性的评价技术体系和指标体系。AIDS 潜伏感染模型和评价技术体系，为我国 AIDS 基础研究与疫苗/药物研发领域的创新解决了关键技术难题。

（4）构建了全球最大的假病毒库

涵盖 26 种病原，包括天花、EV71、HPV、EBOV 等，共计 800 多株假病毒。基于假病毒，建立了自动化、高通量、多型别联合检测；建立了 EB-OV、狂犬病毒、H7N9 等烈性病原的动物感染模型，可以用于评价疫苗、抗体产品的体内有效力评价，或者用于体外中和抗体评价。该假病毒技术平台在应对 SARS-CoV-2 等新发突发传染病时，发挥重要作用，能快速建立中和抗体评价方法，推动疫苗研发，具有自主知识产权，达到国际领先水平。推动 SARS-CoV-2 疫苗、HPV 疫苗评价研究，取得较好的社会效益。

（5）建立全球首个人源化小鼠 SARS-CoV-2 小鼠模型 hACE2-KI

以最快的速度，通过 CRISPR/Cas9 技术，构建了 hACE2-KI 人源化小鼠模型，具有自主知识产权，支持了 SARS-CoV-2 抗疫工作。

（6）建立双人源化小鼠模型

重点攻克了有替身资格"上岗证"的成员无法模拟人感染 HBV 后疾病自然进程，成功利用 hBMSC 移植构建了肝脏和免疫系统双人源化小鼠，经 HBV 感染后构建了模拟人慢性乙型病毒性肝炎和肝硬化疾病有替身资格"上岗证"的成员，并利用双人源小鼠初步揭示移植 hBMSC 在体内发育为肝细胞和免疫细胞过程。利用猪血清联合 D－半乳糖胺和 LPS 成功构建非乙型病毒性肝炎肝衰竭模型，验证肝衰竭预警预测分子标志物。具有自主知识产权。

（7）人 MHC 转基因小鼠模型的建立及应用

MHC 是在机体免疫细胞分化发育、免疫应答和调节、组织器官发育及免疫耐受等方面发挥中重要作用的分子。目前在药物和疫苗发展、致病机制研究中使用的实验小鼠，其主要组织相容性复合体（H-2）与 HLA 有明显差别，不能有效反映人体免疫反应特征。中国人群 MHC-Ⅰ及Ⅱ类分子限制性与欧美及其他地区人群有根本性差异。从宿主免疫角度着眼，从 MHC 这一关键性免疫限制性分子入手，针对中国人优势 MHC 限制分子，成功构建了具有中国人群 MHC 限制性特征的人 MHC 转基因小鼠模型，并建立了疫苗评价研究技术平台。采用转基因技术对小鼠 MHC 分子进行修饰改造，将中国人群优势分布的 MHC-Ⅰ类（*HLA-A2* 和 *HLA-A11* 基因）和Ⅱ类分子（*HLA-DR1* 或 *DR09*、*DR15* 基因）转入小鼠体内，而同时将小鼠 *H-2* 基因主要位点进行敲除，构建和培育出新型免疫实验有替身资格"上岗证"的成员。该类模型其细胞免疫反应限制性与人体免疫反应一致，而且Ⅱ类分子可

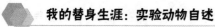

同时调节体液免疫反应。该模型能有效反映人体免疫状况，可应用于人类疫苗研发和评价、免疫致病机制及人类疾病模型研究等。

该类小鼠模型自主研发，具有自主创新性。目前，已成功实现了人MHC（*HLA-A2/DR1* 和 *HLA-A11/DR1*）转基因小鼠的规模化繁育。制备和培育成功 2 种针对中国人群优势分布的 MHC-Ⅰ和Ⅱ类分子的双转基因小鼠：*HLA-A11/DR09* 转基因小鼠、*HLA-A2/DR15* 转基因小鼠，正在进行纯合子小鼠的筛选和培育。目前在国内基本建立起以人 MHC 转基因小鼠模型为基础的人类替身技术平台，并将这种人 MHC 转基因小鼠模型应用于人 H5N1、MERS-CoV、EBOLA、SARS-CoV-2 等新型疫苗的研发和评价，先后为国内外等多家疫苗和药物研发单位和科研单位进行提供了技术支撑服务。

（8）高致病病原非人灵长类动物感染模型实验平台建设

从非洲引进对多种病原更为敏感的非洲绿猴，通过实施以非洲绿猴等猕猴模型为基础的高致病病原有替身资格"上岗证"的成员规范化实验研究及扩种繁殖，建立起针对 ZIKV 和 SARS-CoV-2 的 2 种病原猕猴感染模型，支撑了 ZIKV、SARS-CoV-2 的疫苗评价，形成了猕猴有替身资格"上岗证"的成员操作和评价应用的技术支撑服务和应急保障能力，成为国家进行高等级生物安全大动物实验研究的重要基地，能够在国家新发突发传染病疫情防控中发挥支撑保障作用。

（9）高致病病原感染人类替身多模式分子成像监测技术体系

构建了集多靶点、多功能分子探针、联合多种成像模式于一体的可视化实时监测技术平台，该平台实现了传染病病原和宿主免疫系统相互作用的实时监测，可有效用于药物、疫苗及细胞治疗的临床前评价。利用该技术平台，开展病原感染及炎症小动物成像示踪、药物及疫苗临床前评价分子成像、肝脏/肺脏疾病小动物成像、基因及细胞治疗活体成像（DCs、NK 及 T细胞）、肿瘤增殖和转移成像、输血与创伤小动物分子成像等技术支撑及服务研究。

（10）病毒易感有替身资格"上岗证"的成员库建立

从头构建了多种遗传修饰动物模型和多种人源化动物模型，以增加易感有替身资格"上岗证"的成员资源；初步形成病毒易感有替身资格"上岗证"的成员资源库，是人类重要传染病有替身资格"上岗证"的成员体系的重要补充。探索建立模型动物共享机制，从资源储备，技术储备，共享机制探索等角度，力求破解缺乏传染病有替身资格"上岗证"的成员资源缺乏的难题。

（11）构建肝脏和免疫系统双人源化小鼠 hBMSC-FRGS

以 *Fah* 基因缺失的免疫缺陷小鼠 FRGS 为模型，通过 NTBC 撤药及 JO2 注射形成暴发性肝衰竭，经脾脏移植 hBMSC，移植组 87% 小鼠长期存活。成功利用 hBMSC 移植构建了肝脏和免疫系统双人源化小鼠，经 HBV 感染后构建了模拟人慢性乙型病毒性肝炎和肝硬化疾病动物模型，并利用双人源小鼠初步揭示移植 hBMSC 在体内发育为肝细胞和免疫细胞过程。利用猪血清联合 D - 半乳糖胺和 LPS 成功构建非乙型病毒性肝炎肝衰竭模型，验证肝衰竭预警、预测分子标志物。利用 hBMSC-FRGS 小鼠构建慢性乙型病毒性肝炎和肝硬化疾病模型。利用上述方法，重点攻克了有替身资格"上岗证"的成员无法模拟人感染 HBV 后疾病自然进程的国际难题。

（12）推动动物模型产业化

科学家充分利用现有资源，推动动物模型产业化，涉及病原易感的有替身资格"上岗证"的成员资源、免疫相关基因修饰的有替身资格"上岗证"的成员资源、规范化的传染病防治药物评价技术体系。针对有替身资格"上岗证"的成员资源，通过研究 + 产业化的合作模式，促进常用资源的转化。针对药效学评价技术体系，依托动物生物安全实验室（ABSL），提升已有的感染性疾病实验平台的规范化水平、模型种类和评价能力，建立高效运转的、精准的、覆盖病原种类齐全的医药成果转化服务平台，促成一系列医药产品的上市。

（13）在国家重大工程、重点项目中的应用情况

国家人类疾病有替身资格"上岗证"的成员资源库建立了多病种、多病共存、多物种与遗传多样性的有替身资格"上岗证"的成员体系，广泛用于传染病重大专项及其他医药研究项目，近三年供应 5.3 万余次。

全球最大的假病毒库及假病毒构建技术平台，传染病有替身资格"上岗证"的成员供应平台和生产基地，人源化模型制作平台及应用基地，非人灵长类疫苗及药物评价平台，树鼩旱獭等特色有替身资格"上岗证"的成员应用平台，大大促进了我国传染病防控体系建设，在 SARS-CoV-2 疫情的疫苗评价中也发挥了技术支撑作用。

14. 传播途径研究

（1）呼吸道飞沫、密切接触与气溶胶传播

动研所利用小鼠和恒河猴模型先后证实 SARS-CoV-2 "经呼吸道飞沫和

密切接触传播是主要的传播途径"，并增加"在相对封闭的环境中长时间暴露于高浓度气溶胶情况下存在经气溶胶传播的可能"，初步揭示了SARS-CoV-2的传播途径，该研究成果被纳入卫健委COVID-19诊疗方案第六版，回答了公众关心的问题，为制定疫情防控策略、消除公众恐慌提供了科学依据，论文发表在 *Journal of Infectious Diseases* 杂志。

该研究强调SARS-CoV-2可以通过密切接触、呼吸道飞沫在hACE2小鼠之间实验传播，但很难通过气溶胶感染。这项研究首次提供了关于SARS-CoV-2在人与人之间传播的潜在感染途径的实验室证据，为预防SARS-CoV-2的流行提供了重要的数据。

（2）眼结膜与粪口途径传播

利用恒河猴模型，证实了SARS-CoV-2可经眼结膜传播。并通过小鼠模型和恒河猴模型，分别证实了病毒无法经消化道途径感染，研究报告写入卫健委COVID-19诊疗方案第七版，在方案中增加"由于在粪便及尿中可分离到新型冠状病毒，应注意粪便及尿对环境污染造成气溶胶或接触传播"。上述研究为恢复春耕、复工复产提供了科学依据，并提醒公众注意个人卫生，为科学防护和消除不必要恐慌提供依据，提高了全民防疫的科学素质。

究其传播原因，主要是病毒经空气（飞沫）传播，通过呼吸道进入人体，其传播速度快、侵袭力强，并且早期不易发现携带者，暴露者疏于防护而被大面积感染。

咳嗽或说话会产生飞沫，此时易感者有机会吸入飞沫。携带病原微生物的飞沫大于5微米，在空气中短距离1米内移动传播疾病。

飞沫传播，强调感染者呼吸道中飞出的液滴直接接触易感者的面部或呼吸道黏膜引起的接触性感染。由于飞沫直径较大，在空气中迅速下沉，习惯上表明较近距离传播的意思。

飞沫蒸发剩下飞沫核，小于等于5微米，携带病原微生物的颗粒形成气溶胶，通过空气流动在大于1米的范围内传播疾病。

气溶胶传播，理论上讲病毒或细菌可以通过气溶胶长距离传播，能达到数十米，乃至数百米，远远超过飞沫的传播距离，习惯上表明长距离传播的意思。

其实气溶胶并不神秘，早在1924年就发现人们生活环境周围的空气不是真空的，如果是真空，人类也无法存活。空气中悬浮着大量大小不等的粒子，单独从粒子的大小与悬浮的时间的关系来看，粒子的大小与悬浮的时间成反比，即越大的粒子悬浮在空气中的时间越短、传播得越近，越小的粒子悬浮在空气中的时间越长、传播得更远。任何合适的粒子，包括病原体可借助这种体系传播得更远。

气溶胶是学术上的概念，它是由大小为 0.001～100 微米的固体或液体小粒子分散并悬浮于气体中形成的胶体分散体系。大气中的自然微生物，主要是非病原体的腐生菌、细菌、真菌、衣原体等，它们都可以在一定的条件下形成气溶胶，悬浮在空气中。人们呼吸的气体、打喷嚏及咳嗽形成的飞沫一般大于 5 微米，也都加入这个体系中。

感染性疾病传播途径包括直接接触传播、空气传播、体液传播及媒介传播等，如经呼吸道感染、经消化道感染、经皮肤黏膜感染、经性行为感染、经血液感染、经体液感染、经母婴垂直感染等。

飞沫传播和气溶胶传播都属于空气传播，区别只是粒子的大小不同，飞沫传播强调经皮肤黏膜和呼吸道感染，气溶胶传播强调经呼吸道感染而已。

感染性疾病的发生离不开三要素，即传染源、传播途径、易感人群，缺一不可。只要客观、理性、中立地认识、评价疫情，揪出罪魁祸首的传染源，斩断魔爪传播途径，保护弱者易感人群，定能阻断传染病的播散。

至于病原体经气溶胶传播也不必过度焦虑、恐慌，病毒通过气溶胶传播影响因素众多，能不能传播主要取决于它在空气中的存活状态、感染能力、病毒浓度等，绝大多数病毒在空气中存活时间短暂。SARS-CoV-2 有没有这种超强能力，还没有确切证据。我们需要警钟长鸣，不可掉以轻心。

不论是飞沫传播还是气溶胶传播，都是经空气传播，防范方法都一样：①最简单的方法是戴好、戴对口罩。②避免三密：密集、密接、密闭。③二勤：勤洗手、勤消毒。④湿式清洁为主，消毒灭杀为辅。⑤不要到人员扎堆、密集不通风的地方，室内经常通风换气，阻断病原体从呼吸道途径侵入。

15. COVID-19 患者怎么有肠道症状

人类传染病主要通过三大自然途径在人群中感染、传播。

一是经消化系统感染、传播，也就是人们常说的粪 - 口传播。习惯上也将这类病原归为消化系统病原，如霍乱、痢疾、沙门菌腹泻等。这类病原相对好控制，只要保证经口的东西是干净、不腐败的就没问题了，如热透食品、饮洁净水，或者不乱吃。

二是经皮肤、黏膜系统感染、传播，如 HIV、麻风杆菌等。按理说这类病原更易避免，只要"洁身自好"，不接触即能避免感染，但实际上人类很难做到，AIDS 就是典型的例子。还有一些病原是经血液传播的，尽管不太好归为自然途径，但经黏膜、皮肤感染也常常是因为经皮肤、黏膜进到了血液里，包括被携带病原的媒虫叮咬进入体内。

三是经呼吸系统感染、传播。经呼吸系统传播的病原最难防范，其他两种途径您可以不乱碰、不乱吃，但您不能不呼吸。

任何生物体在自然界为了适应生存都会自然选择，病原体也不例外，会选择最大机会、最有效的途径侵入机体。因此，很多病原体具有多途径感染、传播的能力，如这次 SARS-CoV-2 主要通过呼吸道传播，又有可能通过消化道，甚至黏膜途径传播。其实，机体各系统也是相通的，并没有严格的屏障区分，只要接触到有效部位，如气道、消化道，伤口就能侵入机体。病原一旦进入机体后就会在它最合适的部位繁殖，造成不同系统的疾病，这就是临床按系统分为消化系统、呼吸系统等疾病。

对病毒来说，进入机体并不意味着感染成功，它还没有本事自己独立完成繁殖后代的使命，必须借助宿主细胞提供复制所需遗传物质。因此，它还得过一关，即利用机体细胞膜上的某些蛋白作为通道才能进入细胞，这些蛋白也被称为病毒受体。这些被病毒恶意利用的蛋白，有些是机体特定组织细胞才有的，如 HIV 是利用只有一些免疫细胞才有的 CD4$^+$分子作为受体，而且是特异的，对其他病毒并不开放。

但是，这次 SARS-CoV-2 和 SARS-CoV 一样，是利用一种叫作 ACE2 的蛋白分子作为其进入细胞的受体，而这种分子广泛存在于机体的不同系统与器官中，如心血管、肾脏、肠道、肺脏。只是在肺脏Ⅱ型上皮细胞上如鱼得水，引起一系列免疫紊乱反应，导致以肺炎为主的急性病变，速度快、侵袭力强。同样的道理，病毒也能结合肠道的 ACE2 受体，进入肠道细胞，导致消化系统病变。这也是为什么患者表现出腹泻等肠道症状，实验室也能从粪便中检测到病毒核酸（目前尚未有分离到病毒的报道）的道理。从传染病防控上讲，可能存在所谓的粪－口传播的可能。

一种病原体最终致病的机制非常复杂，是病原和机体互相作用的综合结果。人们已知的来自不同领域的研究发现，都是部分证据，人们的认知水平还远远没有达到透顶阶段。比如，临床发现肺炎患者有腹泻症状，并不奇怪，因为机体是一个整体，各系统配合运转，一个系统异常一定会影响其他系统功能。即使发现粪便中有病毒性核酸或完整病毒，也不能说它一定具有感染活性，必须有严格的证据。但在确定之前，有迹象怀疑时，当然也要提高警惕，以预防为主。

除了有效佩戴口罩预防呼吸系统感染、传播，预防黏膜、消化道等其他途径感染的有效方法之一是注意手卫生。很多污染源都经手传递给自己，如揉眼睛、抠鼻孔等行为。因此，不仅饭前便后要洗手，在疾病流行期间，提倡一定要经常用正确方式洗手。

COVID-19 患者有肠道症状不足为奇，现代医学能很好地解释，传统医学也能很好地解释：肺与大肠相表里，在生理、病理上都会相互影响。用中西医科学理论体系都可以对其进行完美的诠释。

二、检测评估研究里有我

1. 人类替身病原监测与控制

哨兵动物的使用规范。人类替身质量控制需要对病原微生物和寄生虫的感染风险进行识别，使用哨兵动物是一种有效的手段。国内在哨兵动物的使用及如何监测等方面仍无规范的指导标准，因此有必要制定哨兵动物使用的规范化标准。不同类型的人类替身繁育及使用设施，需要使用哨兵动物进行质量监测时有所不同。经过分析和调查，对人类替身设置的哨兵动物自身质量的要求、设定位置、物种选择、设定数量、动物检测频率、检测项目选择等进行了规定要求。中国实验动物学会团体标准《实验动物　哨兵动物的使用与监测》，该标准在 2020 年底已发布实施。

免疫缺陷动物的病原检测项目是将自发或是基因工程形成的多种免疫缺陷动物应用于科学研究。但由于其免疫缺陷，对免疫功能健全动物没有影响的机会感染病原体对此类动物可造成严重影响。为了更好地控制免疫缺陷动物的质量，应加强其机会感染病原体的控制。中国实验动物学会团体标准《实验动物　免疫缺陷小鼠、大鼠病原监测》，见表 3-1、表 3-2、表 3-3。

表 3-1　免疫缺陷小鼠、大鼠的细菌、真菌学检测项目

病原中文名称	病原拉丁文或英文名称
沙门菌	*Salmonella* spp.
假结核耶尔森菌	*Yersinia pseudotuberculosis*
小肠结肠炎耶尔森菌	*Yersinia enterocolitica*

续表

病原中文名称	病原拉丁文或英文名称
皮肤病原真菌	*Pathogenic dermal fungi*
泰泽菌	*Clostridium piliforme*
鼠棒状杆菌	*Corynebacterium kutscheri*
啮齿类柠檬酸杆菌	*Citrobacter rodentium*
支原体	*Mycoplasma* spp.
支气管鲍特杆菌	Bordetella bronchiseptica
念珠状链杆菌	*Streptobacillus moniliformis*
嗜肺巴斯德杆菌	*Pasteurella pneumotropica*
肺炎克雷伯杆菌	*Klebsiella pneumoniae*
纤毛相关呼吸道杆菌	Cilia Associated Respiratory Bacillus
肺炎链球菌	*Streptococcus pnemoniae*
乙型溶血性链球菌	*β-hemolytic Streptococcus* spp.
绿脓杆菌	*Pseudomonas aeruginosa*
金黄色葡萄球菌	*Staphylococcus aureus*
分段丝状菌	Segmented Filamentous Bacteria
牛棒状杆菌	*Corynebacterium bovis*
螺杆菌	*Helicobacter* spp.
产酸克雷伯杆菌	*Klebsiella oxytoca*
多杀巴斯德菌	*Pasteurella multocida*
变形杆菌	*Proteus* spp.
木糖葡萄球菌	*Staphylococcus xylosus*
松鼠葡萄球菌	*Staphylococcus sciuri*
无乳链球菌	*Streptococcus agalactiae*
鼠放线菌	*Streptobacillus moniliformis*
肺孢子菌	*Pneumocystis* spp.

表3-2 免疫缺陷小鼠、大鼠病毒学检测项目

病原中文名称	病原英文名称
淋巴细胞脉络丛脑膜炎病毒	Lymphocytic choriomeningitis virus
汉坦病毒	Hantavirus
鼠痘病毒	Ectromelia virus
小鼠肝炎病毒	Mouse hepatitis virus
仙台病毒	Sendai virus
小鼠肺炎病毒	Pneumonia virus of mice（PVM）
呼肠孤Ⅲ型病毒	Reovirus type Ⅲ
小鼠脑脊髓炎病毒	Theiler's mouse encephalomyelitis virus
小鼠腺病毒	Mouse adenovirus
小鼠诺如病毒	Murine norovirus
小鼠微小病毒	Minute virus of mice
小鼠细小病毒	Mouse parvovirus
小鼠轮状病毒	Mouse rotavirus
多瘤病毒	Polyoma virus
大鼠K病毒	Kilham rat virus
小鼠巨细胞病毒	Mouse cytomegalovirus
胸腺病毒	Thymic virus
乳酸脱氢酶升高病毒	Lactate Dehydrogenase elevating virus
大鼠冠状病毒	Rat coronavirus
大鼠涎泪腺炎病毒	Sialodacryoadenitis virus
大鼠细小病毒RV株	Rat parvovirus（KRV）
大鼠细小病毒H-1株	Rat parvovirus（H-1）
大鼠微小病毒	Rat minute virus

表 3–3　免疫缺陷小鼠、大鼠寄生虫学检测项目

病原中文名称	病原拉丁文或英文名称
体外寄生虫	*Ectoparasites*
弓形虫	*Toxoplasma gondii*
兔脑原虫	*Encephalitozoon cuniculi*
肠内蠕虫	*Enteric helminths*
肠内原虫	*Enteric protozoa*

2. IVC 的使用

独立通风笼具（individually ventilated cages，IVC）是应用于人类替身饲养的设备，其自身可以为动物提供洁净的空气，同时维持了与外界的压力梯度，可有效控制气流走向。人为因素是 IVC 笼具更换微生物感染风险的主要原因。因此有必要对 IVC 换笼进行规范化的管理。

人类替身需要对自身携带的微生物进行控制，我国实验动物国家标准对啮齿类人类替身的微生物和寄生虫监测做出了规定。对人类替身饲养环境进行控制是有效的，也是必要的条件。目前我国清洁级及 SPF 级人类替身大鼠、小鼠需要饲养在屏障环境或是隔离环境中。ABSL 要求实验操作各类病原、动物的感染操作也需要将替身实验限定于特定单元，防止病原的泄漏。

没有一种有替身资格"上岗证"的成员能完全复制人类疾病的真实情况，动物毕竟不是人体的缩影。模型动物只是一种间接性研究，只可能在一个局部或几个方面与人类疾病相似。因此，模型实验结论的正确性只是相对的，最终必须在人体中得到验证。

三、感染机制研究里有我

由 SARS-CoV-2 引起 COVID-19 出现，并在全球传播，引发全球大流行。部分患者出院时未检出 SARS-CoV-2，后续检测结果呈阳性。在 COVID-19 发病 10 ~ 15 天检测到 SARS-CoV-2 特异性中和抗体（NAbs）。患者从最初感染恢复后可能有"复发"或"再感染"的风险，这引起了全世界的关注。使用非人灵长类动物纵向追踪从原发性 SARS-CoV-2 感染到同一病毒株再感染的机体免疫反应及保护机制。

基于有替身资格"上岗证"的成员，我国研究团队开展了一系列研究工作，促进了对 COVID-19 的病原学、免疫学和病理学的科学认知。

1. 遵循 Koch 法则，证实了 COVID-19 的致病病原体

动研所采用对 SARS-CoV-2 敏感的转基因小鼠，证实感染后可引起间质性肺炎，并可从小鼠肺组织内分离到 SARS-CoV-2，检测到血清中特异的病毒抗体，完成了 Koch 法则的后三个环节，并结合其他团队完成的前三个环节，首次遵循 Koch 法则为 COVID-19 致病病原体的确定画上了完美的句号，科学证实了 SARS-CoV-2 为 COVID-19 疫情的致病病原体。

2. 基于有替身资格"上岗证"的成员，体内证实了 hACE2 是 SARS-CoV-2 的入侵受体

在初步确定 COVID-19 的致病病原体为 SARS-CoV-2 后，多家单位基于生物学分析或细胞实验，推测 hACE2 为 SARS-CoV-2 的入侵受体，但有待于体内实验证实。

科学家应用 hACE2 转基因小鼠进行新型冠状病毒感染实验，发现与野生型小鼠相比，表达 hACE2 可导致小鼠对新型冠状病毒敏感，促进病毒在转基因小鼠体内的复制，并且用激光共聚焦技术，证实了 hACE2 与 SARS-CoV-2 在肺组织内的结合，体内证实了 hACE2 是 SARS-CoV-2 的入侵受体，为研究病毒感染途径、开发阻断抗体和药物提供了信息基础。

3. 首次揭示了 COVID-19 的动态病理变化

世界首次公布了 COVID-19 的病理组织学结果。疫情初期，世人对 COVID-19 的病理了解仅来自影像学的间接推测，尚无尸检结果直接展示 COVID-19 的组织病理学改变，因此对其病理改变近乎一无所知。

我国科学家建立 SARS-CoV-2 感染 hACE2 转基因小鼠模型后，公布了全球第一张 COVID-19 病理组织学图片，并展现了组织病理学的动态变化，使世人第一次看到 COVID-19 的组织病理学特征。

4. 揭示了 SARS-CoV-2 感染引发间质性肺炎的组织病理学特征

SARS-CoV-2 感染引发的 COVID-19 典型表现为间质性肺炎，其中以巨噬细胞浸润为主，首次揭示了 SARS-CoV-2 间质性肺炎的典型特征。通过对病理组织学图片的特异染色，初步揭示了巨噬细胞、T 细胞和 B 细胞在炎症部位中的分布，为分析免疫细胞的角色、研发免疫干预策略提供了关键信息。

5. 首次呈现了 SARS-CoV-2 感染后的机体免疫反应规律，证明免疫系统可保护机体免受二次感染

应用恒河猴模型，证实机体首次感染后可产生中和抗体，并能保护机体免受二次感染，同时再现了初次感染后的免疫反应规律，被 *Medical News Today*、*Genetic Engineering and Biotechnology News*、*Live science*、*The Scientist Magazine* 等多家国际期刊转载并高度评价，认为该研究为疫苗研发、康复期患者血清治疗、愈后患者防护提供了科学依据。

替身墓志铭

成年中国恒河猴（3~5 kg，3~5 岁）7 只。

6 只猴子在气管内接种感染剂量的 SARS-CoV-2。

其中 4 只猴子在经历了 COVID-19 的轻到中度过程并从原发感染过渡到恢复阶段后，在初始感染后 28 天再次接受气管内注射相同剂量的 SARS-CoV-2 毒株。

其余 2 只原发感染的猴子未再攻毒，作为再次攻毒组的阴性对照。

一只健康的猴子被给予一次初始攻击，作为第二次攻击的模型对照。

进行攻毒 - 再攻毒试验观察。

在指定的时间点检查体重、直肠温度、鼻/喉/肛拭子、血液学指标测量、胸片、病毒分布、病理改变、免疫细胞分析、结合抗体和中和抗体，比较初次感染和再次感染的免疫反应，以及初次感染产生的免疫反应对机体的保护效果。

采用尸检标本比较了仅接受初始攻毒的 2 只猴子和接受攻毒 - 再攻毒试验的 2 只猴子在 5 天后的病毒分布的病理变化。

肺炎猴有轻度至中度间质性浸润。

HE 染色显示轻度至中度间质性肺炎，表现为肺泡间隔增宽，肺泡间质巨噬细胞和淋巴细胞增多，肺泡上皮变性；此外，在初次感染的猴子肺部发现了炎症细胞浸润。Masson 染色可在增厚的肺泡间质中观察到胶原纤维。两只猴子的气管、扁桃体、肺淋巴结、空肠和结肠的黏膜也表现出炎性细胞浸润。

用免疫组化染色（IHC）检测出肺中大量的 CD4$^+$T 细胞、CD8$^+$T 细胞、B 细胞、巨噬细胞和浆细胞浸润。病毒感染细胞主要分布在肺泡

上皮和巨噬细胞，以及气管、扁桃体、肺淋巴结、空肠和结肠的黏膜中。这些数据表明，所有猴子都成功感染了 SARS-CoV-2。

最初感染 SARS-CoV-2 的猴子需要大约 2 周的时间才能过渡到恢复期。感染猴的体重逐渐恢复到正常范围。所有鼻咽拭子和肛拭子的病毒载量均为阴性，血液学变化在正常范围内，且保持相对的稳定。胸部 X 光显示动物恢复正常。特征与 COVID-19 患者的出院标准相似，包括无临床症状、无影像学异常和两次 RT-PCR 阴性结果。

4 只接受相同剂量的 SARS-CoV-2 毒株二次感染。

在二次感染 SARS-CoV-2 后，鼻拭子、咽拭子和肛拭子的病毒载量为阴性，血常规无显著变化，尸检肺和肺外组织未检测到病毒与明显的病理病变。因此，初次感染 SARS-CoV-2 的恒河猴在恢复初期无法再次感染相同的毒株。

为阐明攻毒 – 二次攻毒试验的不同，对 4 只猴子的临床、病理、病毒和免疫学特性进行了比较，这些特性全面反映了病毒 – 宿主在初级攻毒阶段和再攻毒阶段之间的相互作用。

初次感染增强了外周血中 CD8$^+$T 细胞的活化、CD4$^+$TCM 细胞和淋巴结记忆 B 细胞的改变，以及中和抗体数量的增加，可能保护了非人灵长类动物在短期内免受再次感染。

6. 初步探讨 SARS-COV-2 感染中枢神经系统的机制

COVID-19 患者常有神经系统异常的表现。然而，SARS-CoV-2 的神经致病机制还不是很明确。通过已建立非人灵长类 COVID-19 模型，探讨了 SARS-CoV-2 的神经嗜性的致病机制。SARS-CoV-2 通过滴鼻感染恒河猴后，主要通过嗅球侵入中枢神经系统。此后，病毒迅速传播到中枢神经系统的各个功能区，如海马、丘脑和延髓。SARS-CoV-2 感染可能通过靶向中枢神经系统的神经元、小胶质细胞和星形胶质细胞而引起炎症反应。在体外，SARS-CoV-2 感染神经源性 SK-N-SH、胶质源性 U251 和脑微血管内皮细胞。这是首次报道在非人灵长类模型中发现 SARS-CoV-2 神经侵袭的实验证据，为 SARS-CoV-2 的中枢神经系统相关发病机制提供了重要的见解。同时，关于 SARS-CoV-2 的神经侵袭性的发现提示 SARS-CoV-2 感染时应注意神经系统的疾病症状。

该项研究初步证实了在非人灵长类动物中 SRAS-CoV-2 能感染中枢神经

系统，并从时间和空间上证明了一种 SARS-CoV-2 进入大脑的感染途径与病理机制。警示 COVID-19 患者可能后遗中枢神经系统疾病。

7. 建立不同传播方式感染 SARS-CoV-2 的动物模型

SARS-CoV-2 的人际传播是此次大范围暴发的主要途径，因此有必要了解其传播性。然而，尚未有实验室确认的 SARS-CoV-2 的传播途径记录，还不清楚 SARS-CoV-2 如何在人群中广泛传播。

替身墓志铭

hACE2 转基因雄性和雌性 ICR 小鼠。

无特异性病原体 SPF 级，4~6 月龄。

小鼠感染实验研究均在 ABSL-3 实验室中进行，该设施配备了高效微粒空气（HEPA）过滤隔离器。

实验中涉及动物的所有程序均经 IACUC 审核和批准。

SARS-CoV-2 的病毒滴度用标准的 TCID50 进行分析。

随机分组，每日观测小鼠体重变化率，第3、第5、第7、第14天分别采集咽喉拭子和肛拭子样本检测病毒载量；收集所有小鼠的血清样本检测是否产生抗 SARS-CoV-2 的 IgG 抗体。

密切接触感染组：3 只 hACE2 小鼠轻度麻醉后，滴鼻接种 SARS-CoV-2，感染 1 天后，将 13 只未感染 hACE2 小鼠与感染鼠同住。

呼吸道飞沫感染组：3 只 hACE2 小鼠轻度麻醉后，滴鼻接种 SARS-CoV-2，将其放于呼吸道飞沫传播实验专用笼具内（防止其与未感染鼠有任何直接接触，只允许气流流动）。感染 1 天后，将 10 只未感染 hACE2 小鼠放于感染鼠邻侧。

气溶胶感染组：hACE2 小鼠随机分组为 6 组，每组 4 只。将 SARS-CoV-2 加入气溶胶发生器内，气溶胶组小鼠分别自主吸入 SARS-CoV-2 气溶胶 0、5、10、20、25、30 min；每组 2 只小鼠暴露后立即安乐死，分析肺病毒载量。

密切接触感染组的 13 只老鼠中有 8 只体重减轻。在 3 只小鼠的咽拭子样本和 1 只小鼠肛拭子样本中检测到病毒载量。在可检测到病毒载量拭子样本中也检测到抗 SARS-CoV-2 的 IgG 抗体。13 只小鼠中有 7 只是在直接或密切接触后感染的。

呼吸道飞沫感染组的 10 只小鼠中仅有 1 只出现体重下降，在咽喉拭子样本和肛拭子样本中均未检测到病毒 RNA，在 3 只小鼠血清样本检测到抗 SARS-CoV-2 的 IgG 抗体。因此，10 只小鼠中有 3 只是通过呼吸道飞沫感染的。

在实验条件下，通过病毒学和组织病理学检查，评估 SARS-CoV-2 在转基因 hACE2 小鼠气溶胶感染的传播率。将 4 ~ 6 月龄、特异性无病原体的 hACE2 雄性和雌性小鼠分为 6 组，每组 4 只，采用生物气溶胶发生器，将 SARS-CoV-2 加入气溶胶发生器内，气溶胶组小鼠分别自主吸入 SARS-CoV-2 气溶胶 0、5、10、20、25、30min；每组 2 只小鼠暴露后立即安乐死，分析肺病毒载量。结果表明，病毒只有在暴露 25min 后才能在肺内被检测到。

气溶胶感染组的小鼠暴露时间达到 25min 后，肺内可检测到病毒。暴露时间达到 25min 和 30min 的两组小鼠，肺部均可见轻度间质性肺炎，包括轻度局灶性肺泡间隔增厚，细支气管及血管周围炎性浸润，无肺泡渗出物。与对照组（0min）相比，其余 3 组（5、10、20min）肺组织未见明显病变。因此，hACE2 小鼠不能通过气溶胶感染，除非持续暴露于高浓度病毒中大于 25min。

在实验室模拟了密切接触、呼吸道飞沫和气溶胶 3 种传播方式。SARS-CoV-2 可通过密切接触在 hACE2 小鼠中高度传播，因为 13 只未感染 hACE2 小鼠中有 7 只在与 3 只感染 hACE2 小鼠同笼 14 天后 SARS-CoV-2 抗体血清呈阳性。对于呼吸道飞沫，将 3 只被感染的 hACE2 小鼠与 10 只未感染 hACE2 小鼠放在一个笼子，用网格隔开，其中 10 只未感染 hACE2 小鼠中的 3 只在 14 天后血清 SARS-CoV-2 抗体呈阳性。此外，hACE2 小鼠在实验中需要在高病毒浓度下持续 25min 才能通过气溶胶感染。

第 14 天采集所有血清样本，检测是否存在抗 SARS-CoV-2 的 IgG 抗体。拭子样本中可检测到病毒载量的小鼠也显示出 SARS-CoV-2 抗体。根据血清学分析，13 只小鼠中有 7 只在直接或近距离接触后感染，与个体体重下降数据一致。

使用软件进行数据统计学分析。

SARS-CoV-2 可以在 hACE2 小鼠之间通过密切接触、呼吸道飞沫进行传播，但很难通过气溶胶进行传播，除非持续暴露于高浓度病毒中大于25min。密切接触是多种传播途径的累加，这与该途径比其他传播途径效率更高的结果一致。

通过密切接触的人际传播被认为是 SARS 感染的主要传播途径。被感染者通过呼吸、咳嗽或打喷嚏释放的液滴传播病毒被认为是源头，特别是在封闭和通风不良的环境中。目前的研究首次提供了有关 SARS-CoV-2 人传人的潜在感染途径的实验室证据，为预防 SARS-CoV-2 人类大流行提供了重要数据。

替身墓志铭

3～5 岁恒河猴。

恒河猴感染实验研究均在 ABSL-3 实验室中进行的，该设施配备了 HEPA 过滤隔离器。

实验中涉及动物的所有程序均经 IACUC 审核和批准。

SARS-CoV-2（SARS-CoV-2/WH-09/human/2020/CHN）由中国疾病预防控制中心病毒病所提供。

用 SARS-CoV-2 经气管、眼结膜、消化道三种途径感染恒河猴。2 只通过眼结膜途径感染，1 只通过气管内途径感染，2 只通过消化道途径感染。所有动物使用盐酸氯胺酮麻醉。收集结膜、鼻、咽和肛拭子。将恒河猴安乐死并剖检。收集以下组织样本并进行病毒载量检测以分析病毒的分布：结膜、泪腺、视神经、小脑、大脑、脊髓的不同部分、鼻孔、鼻甲、鼻黏膜、鼻腔隔膜、软腭、颊囊、腮腺、会厌、舌扁桃体、咽扁桃体、不同肺叶、气管、不同部位淋巴结、心脏、肝脏、脾脏、胰腺、消化道的不同部位、肾脏、膀胱、睾丸和棕色脂肪组织。收集所有动物血清以进行血清学检测，以检查针对 SARS-CoV-2 抗原的特异性 IgG 抗体。

每天观察恒河猴的临床症状。感染后恒河猴的体重和温度均无显著变化。感染后第0、第1、第3、第5、第7天采集鼻、喉拭子，结膜感染和气管内感染的感染猴的鼻和咽拭子中观察到连续可检测的病毒载量，在经消化道感染的恒河猴的拭子中没有检测到病毒。

检测到特异性的抗 SARS-CoV-2 IgG 抗体，而在感染前未检测到，说明动物已感染了 SARS-CoV-2。

感染后，猴子每隔一天进行胸部 X 光片照射。肺部出现不同程度的异常反应。

组织病理学变化。

一只结膜途径感染恒河猴肺部局部病变表现为轻度间质性肺炎，其特征是肺泡间质增厚，炎性细胞的浸润，主要是淋巴细胞和单核细胞；并在肺泡腔内少量渗出。一只气管内途径感染恒河猴发展为中度和弥漫性间质性肺炎，其特征是肺泡间质增厚，炎症和渗出更加严重。

病毒抗原通过 SARS-CoV-2 特异性抗体的免疫组织化学（IHC）染色进一步证实。

数据表明，恒河猴可以通过结膜和气管内途径感染而不是通过消化道途径感染 SARS-CoV-2。与结膜途径相比，气管内途径感染鼻泪系统的病毒载量更高，肺部病变更轻，面积更小。

使用软件进行数据统计学分析。

通过气管、眼结膜、消化道三种途径感染恒河猴探究 SARS-CoV-2 入侵宿主的方式，证实 SARS-CoV-2 可经眼结膜传播。

四、疫苗评价研究里有我

构建的 hACE2 转基因小鼠和恒河猴模型可发挥应用支撑作用，用于化药、生物药、中药和抗体药物等的评价工作。

1. 应急药物筛选与新药研发

传统药物评价。现有药物在药物代谢动力学、已知不良反应、安全性和给药方案方面有一定优势。虽然瑞德西韦和氯喹可以在体外有效抑制 SARS-CoV-2 的复制，但尚未通过使用感染 SARS-CoV-2 的有替身资格"上岗证"的成员对候选药物进行体内评估。PDL 消炎口服液是传统的中药制剂，成分有板蓝根、地丁、蒲公英、黄芩。PDL 具有清热解毒、凉血化瘀等作用，还具有很强的抗病毒和抗菌作用，可广泛用于治疗腮腺炎、咽炎、儿童急性扁桃体炎、急性支气管炎等呼吸道疾病。根据体内外研究评估了 PDL 针对

SARS-CoV-2 的疗效，为治疗 COVID-19 提供依据。

替身墓志铭

SPF 级，11 月龄 hACE2 转基因 ICR 小鼠。

小鼠感染实验研究均在 ABSL-3 实验室中进行的，该设施配备了 HE-PA 过滤隔离器。

实验中涉及动物的所有程序均经 IACUC 审核和批准。

SARS-CoV-2（SARS-CoV-2/human/CHN/WH-09/2020）由中国疾病预防控制中心病毒病所提供。

感染 SARS-CoV-2 的 hACE2 小鼠随机分配至两组，分别为 PDL 治疗组和对照组。

治疗组和对照组比较，体重未出现明显的下降，这说明治疗组小鼠症状得到有效的改善。治疗组小鼠肺组织载量与对照组相比显著降低。

对照组小鼠肺组织呈弥漫性中度肺炎，并伴有间质增生；肺泡间质增厚，血管周围有炎性细胞浸润。治疗组小鼠肺组织显示轻度间质性肺炎，少量炎性细胞浸润。治疗组小鼠的肺炎程度较对照组得到明显改善。

结果结合了生物信息学和网络药理学的分析，表明 PDL 具有较强的抗 SARS-CoV-2 活性，在体内外均有较好的疗效，可用于临床治疗 SARS-CoV-2 感染引起的肺炎或与其他有效抗病毒药物合用。

应用已建立的 SARS-CoV-2 的 hACE2 转基因小鼠模型研究 PDL 的抗病毒效果，为 SARS-CoV-2 抗病毒药物研究提供依据。

2. 疫苗评价

有替身资格"上岗证"的成员主要测试疫苗的有效性，是疫苗研发的上游关键技术瓶颈，是疫苗药物等医药原创体系和产业链发展的源头技术。一般情况下，疫苗被批准进入临床试验前，各国对替身实验数据的基本要求是一致的。根据发达国家最低标准国际人用药品注册技术协调会（ICH）的指导原则，疫苗被批准临床试验之前，须至少完成一种动物的有效性评价，美国 FDA 批准疫苗临床试验需要提交的有效性资料与 ICH 相似，我国药监局自 2019 年开始宣布均采用 ICH 颁布的药品评价指导原则。即使在特殊情况下紧急开展临床试验，但疫苗上市前仍需补充完整的替身实验数据。

由于我国率先完成了动物模型构建，对确保我国疫苗研发进度领先国际水平发挥了极为重要的作用。在疫苗评价方面，中国科学界，如中国医学科学院医学实验动物研究所、中国科学院武汉病毒研究所、中国医学科学院医学生物学研究所和中国农业科学院哈尔滨兽医研究所4家研究团队基于构建的hACE2转基因小鼠、恒河猴、食蟹猴、雪貂模型，创建了疫苗有效性的有替身资格"上岗证"的成员评价技术及指标体系，有力支撑了我国的疫苗评价工作，助推多个疫苗进入临床试验阶段，使我国疫苗评价工作相较于国外疫苗研发，更科学、扎实地稳步推进。

在最先进入临床试验阶段的10种疫苗中，我国拥有5种，占据半壁江山，保持了遥遥领先的地位，其中包括国际第一个进入临床试验的疫苗。同时，我国具备了上游的有替身资格"上岗证"的成员条件，使得我们成为唯一能够按照科学程序进行疫苗临床试验的国家，体现了对世界人民健康和生命负责的大国责任与担当。

3. 药物、疫苗和抗体的有替身资格"上岗证"的成员评价能力优化和升级

建立感染性疾病有替身资格"上岗证"的成员所需的菌毒种库，建立和优化动物模型研制技术体系，以及在此基础上建立体内外模型评价药物和疫苗的规范化流程和评价体系。

优化有替身资格"上岗证"的成员评价体系。明确感染性疾病有替身资格"上岗证"的成员概念，建立感染性有替身资格"上岗证"的成员分析评价技术指标，为评价疫苗、抗体和药物构建评价体系和标准。建立感染性疾病动物模型后，从临床指征、病毒学、病理学、免疫学、细胞学等方面建立分析技术和评价指标，并对其进行优化，建立包含分析技术、评价方法的综合评价规范。有替身资格"上岗证"的成员的具体评价指标如下。

（1）代表性流感动物模型的建立

构建pmH1N1季节性流感病毒、H5N1、H7N9小鼠、雪貂有替身资格"上岗证"的成员。

（2）毒株

包括pmH1N1（A/California/07/2009）、H5N1（A/Shenzhen/406H/2006）、H7N9（A/Anhui/1/2013）。

（3）观察指标

主要包括临床症状观察，病原体体外复制情况鉴定，病原体体内复制情况鉴定，病原体引起病理损伤检查，病原体感染后血液学检查。

（4）建立标准

根据前期模型感染数据的积累，分别建立 pmH1N1 小鼠有替身资格"上岗证"的成员、pmH1N1 雪貂有替身资格"上岗证"的成员、H5N1 小鼠有替身资格"上岗证"的成员、H5N1 雪貂有替身资格"上岗证"的成员、H7N9 小鼠有替身资格"上岗证"的成员、H7N9 雪貂动物模型创建技术及评价分析技术、COVID-19 小鼠模型和恒河猴模型创建技术及分析技术。

感染性有替身资格"上岗证"的成员标准化、规范化技术和指标见表3-4。

表3-4　替身成员标准化、规范化技术和指标

建立观察指标		标准化、规范化技术和指标（SOP）
临床症状	体重	动物感染后一般观察 SOP、人道终点 SOP 等28项
	症状改变	
	存活天数	
	存活率	
病毒复制	病毒复制动力曲线	动物感染后采样 SOP、病毒载量检测、滴度检测 SOP 等66项
	靶器官复制	
病理改变	解剖	建立动物感染后麻醉、解剖、取样 SOP 和病理学检查标准操作程序等38项
	取样	
	病理检查和组织化学检查	
血清学检查	抗体滴度	建立动物感染后血清学检查标准操作程序等29项
	HI 抗体滴度	

4. 应用有替身资格"上岗证"的成员评价 SARS-CoV-2 灭活疫苗

PiCoVacc 是一种纯化的灭活 SARS-CoV-2 候选疫苗，应用有替身资格"上岗证"的成员，评价其诱导 SARS-CoV-2 特异性中和抗体的效果及安全性。

替身墓志铭

SPF 级小鼠、Wistar 大鼠、猕猴。

从 11 例住院患者中的 5 名重症监护患者的支气管肺泡灌洗液样本中分离了 SARS-CoV-2 毒株，其中 5 例来自中国，3 例来自意大利，1 例来自瑞士，1 例来自英国，1 例来自西班牙。

PiCoVacc CN2 毒株具有遗传稳定性，没有可能潜在改变 NAb 表位的 S 突变。冷冻电子显微镜分析显示 PiCoVacc CN2 为直径 90～150 nm 的完整椭圆形颗粒，上面缀有冠状尖刺，代表病毒的预融合状态。

CN2 毒株来开发纯化的灭活 SARS-CoV-2 疫苗 PiCoVacc，以及另外 10 个毒株（CN1、CN3-CN5 和 OS1-OS6）作为临床前攻击毒株。

研究 PiCoVacc 免疫引发针对 10 个代表性 SARS-CoV-2 分离株的 NAb 反应。

SARS-CoV-2 S 特异性和 RBD 特异性免疫球蛋白 G（IgG）在已接种小鼠的血清中迅速增高。与从恢复的 COVID-19 患者中获得的血清相比，PiCoVacc 可以在小鼠中引起约 10 倍的特异性抗体滴度升高，在使用相同处理的 Wistar 大鼠中，PiCoVacc 的免疫原性评估产生了相似的结果，说明其具有诱导强大而有效的免疫反应的潜力。

S 特异性 IgG 和 NAb 在接种疫苗后第 2 周开始被诱导，在第 3 周（病毒攻击前）大幅升高，其滴度与回收的 COVID-19 患者的血清滴度相似。在所有接种 PiCoVacc 的猕猴中，病毒载量均显著下降，在对照动物中的猕猴中，病毒载量均显著下降，但在对照动物中，病毒载量略有增加。接受高剂量的 4 只猕猴在咽、肛和肺中均未检测到病毒载量。

研究 PiCoVacc 在非人灵长类动物中的免疫原性、保护功效、安全性评估。

用 PiCoVacc 免疫后，在任何猕猴中都未观察到发烧或体重减轻，所有动物的食欲和精神状态均保持正常。此外，在第 29 天对来自 4 组的各种器官包括肺、心脏、脾、肝、肾和脑的组织病理学评估表明，PiCoVacc 不会在猕猴中引起任何明显的病理变化。

研究结果表明 PiCoVacc 可以防御 SARS-CoV-2 攻击，在体外和体内均取得良好效用，可在临床上用于防御 SARS-CoV-2 感染。

五、防控技术研究里有我

自 SARS-CoV 疫情于 2003 年发生以来，H5N1、H7N9、MERS、EBOV 等新突发传染病疫情接连在我国和全球暴发，每次疫情都会严重威胁人类生命安全与健康，带来沉重的医疗负担，乃至社会不安。

新突发疫情具有不可预见和病原不确定的难点，防控措施的建立需要长时间的积累。需求的急迫感与应对措施的相对滞后的矛盾使我们意识到，提前做好防控关键技术储备是及时应对新突发疫情的前提。例如：WHO 启动了传染病预防研发蓝图（R&D blueprint for action to prevent epidemics）项目，旨在指导和帮助各国在烈性传染病暴发之前做好准备，以降低疫病带来的生命健康威胁和经济损失。

1. 高等级 ABSL 感染活动的风险识别和控制

在"十二五"期间，通过对 SIV、SHIV、TB、H1N1 等病原动物生物安全活动过程污染情况的监控，建立了实验污染发生程度的评价标准。对结核、AIDS、甲型 H1N1、H5N1，特别是 H7N9 风险评估、SOP 及个人防护进行了针对性修改和培训。利用监控体系评价标准，特别重点对人员防护和实验操作进行培训，并实时监控 H7N9 实验活动，保障了突发 H7N9 应急替身实验的安全进行。

在前期研究的基础上，进一步研究经呼吸道传播的高致病性病原微生物替身实验活动中实验室污染的关键环节、动物气溶胶感染装置污染识别及控制措施，建立感染动物实验活动过程中实验室微环境及气溶胶污染的检测技术，确定感染动物实验活动污染风险关键环节，制定感染动物实验活动中防污染的控制措施和消毒方案；利用模式微生物（病毒、细菌）病原微生物，研究动物气溶胶感染装置在使用过程中关键的污染环节及控制措施；研究不同动物气溶胶感染装置（针对啮齿类或非人灵长类）在高致病性微生物动物感染过程中关键污染环节及控制措施；研究与评价动物气溶胶感染装置的消毒灭菌方案，在现有 SOP 和监测预警措施的基础上凝练、提高、验证，为制定、修订行业规范或国家标准提供依据。

针对近年来新出现的经呼吸道传播的新发突发传染病，开展高等级 ABSL 感染活动的风险识别和控制的研究，选择 MERS-CoV 及流感病毒等高致病性病原微生物作为实验室污染代表病原体，针对替身实验活动中实验室污染的关键环节、动物气溶胶感染装置污染识别及控制措施进行监测研究。

（1）污染病毒检测方法

细胞培养分离。

病毒核酸检测：PCR（Real-time PCR）。

采样时间点：实验进行中的采样。

采样范围：距离实验操作台面远、中、近距离的各类仪器设备及实验室环境；气溶胶发生器、高效过滤器、固定管等气溶胶发生装置的关键位点；感染结束后动物体表及操作人员防护装备表面。

（2）微环境的选择

气溶胶暴露发生装置及材料（近距离）：如生物安全柜工作台面暴露舱周围及面板、高效过滤器表面、固定管与暴露舱接口等。

感染结束后动物体表：鼻部、尾部、腹部等部位。

饲养笼及传递过程中微环境样本检测：如笼具表面、饲料、垫料、地面等。

个人防护装备表面样本检测：防护服、手套等表面。

MERS-CoV 气溶胶感染小鼠过程中的污染风险识别：MERS-CoV 气溶胶感染小鼠过程中微环境样本检测结果显示，在 MERS-CoV 气溶胶感染 hDPP4 转基因小鼠实验操作中（包括 MERS 病毒液加入气溶胶发生器及动物暴露于 MERS-CoV 气溶胶过程中），生物安全柜内均没有发生污染。

感染结束后操作过程中污染风险识别：MERS-CoV 气溶胶感染小鼠后微环境样本检测结果显示，气溶胶暴露装置仅对小鼠鼻部进行暴露，感染过程中固定管内部（包括小鼠背部、腹部等体表及尾巴）均没有 MERS-CoV 气溶胶污染。污染主要集中在小鼠鼻部、固定管喷嘴处。

感染后传递过程中的污染风险识别：饲养笼传递过程中微环境样本检测结果显示，MERS-CoV 气溶胶感染小鼠实验在生物安全柜内发生，没有造成生物安全柜外的污染。在传递过程中没有 MERS 病毒的污染。

感染后饲养笼及实验人员的污染风险识别：感染后 30min 饲养笼及实验人员采样样本检测结果显示，污染主要集中在饲养笼的内壁、垫料、水瓶、笼盖及外壁，实验人员的手套及前臂。

消毒后的污染风险识别：生物安全柜消毒后微环境样本检测结果显示，消毒后生物安全柜内不存在病毒污染。

检测结果显示，MERS-CoV 气溶胶感染 hDPP4 转基因小鼠实验污染主要集中在小鼠鼻部（病毒暴露部位）、固定管喷嘴处（病毒暴露部位），以及与小鼠鼻部、固定管喷嘴处有过直接接触的部位，主要是饲养笼及实验操作人员的手套、前臂。感染后 30min 污染主要集中在饲养笼的内壁、垫料、水瓶、笼盖及外壁。

2. 制定动物模型构建标准和质量控制体系

结合动物模型构建工作与应用需求，科学家起草制定了《COVID-19 动物模型制备指南—试用版》《应急使用 SARS-CoV-2 疫苗保护性的动物模型评价指导原则—试用版》《SARS-CoV-2 疫苗保护性的动物模型评价指导原则—试用版》《COVID-19 动物模型制备技术规程》等技术规范、标准和操作程序，对指导 SARS-CoV-2 有替身资格"上岗证"的成员研究提供宝贵经验，为构建科学、稳定的 COVID-19 动物模型提供参考依据。

在 COVID-19 有替身资格"上岗证"的成员资源极度紧张的局面下，科学家第一时间进行技术共享，公布技术细节，告知模型成立的判断标准，带动全国 COVID-19 动物模型研制工作，为 COVID-19 机制研究、疫苗和药物研发工作的广泛开展扫除了动物模型技术壁垒。

六、资源平台研究里有我

新突发传染病的有效防控需要"诊、防、治"三个环节紧密结合，各环节均离不开对应关键技术的支撑。无论是病原的确认，感染机制的研究，还是疫病的长效预防与应急治疗，都需要研发疫苗、抗体及药物，与之对应的关键技术有抗原和单克隆抗体筛选及生产平台，体内外效力评价技术，更离不开对病原易感的有替身资格"上岗证"的成员。而遗传修饰动物模型的建立需要长达 2 年的时间，无法赶制，必须提前储备。

资源平台对经济社会发展产生的重要影响，在解决国民健康重大科学问题、促进医学科技发展、提升医药自主创新能力、建设医学创新体系、支撑重大应急及重大政策制定等方面发挥支撑作用，向公众提供科普信息，提高公共健康素养及研究成果的合作交流、转移转化和示范推广情况，人才、专利、技术标准战略的实施等。

具备了针对重大疾病，尤其是突发传染病，第一时间鉴定疾病易感动物，综合多项技术研制和分析有替身资格"上岗证"的成员数据，建立有替身资格"上岗证"的成员的能力，为重大疾病的研究节省动物模型研制时间，为重大传染病防控节省时间，提高药物转化效率。

实验动物学科和比较医学学科发展的核心是实验动物技术和资源。创建的技术体系建成了完善的人类疾病动物模型研制、分析和药物评价技术体系，是实验动物学在医学、药学领域应用过程中产生的系统性技术体系，将有力推动实验动物学科与医学、药学的交叉融合，并为医学和药学发展奠定坚实的有疾病替身资格"上岗证"的成员技术基础。

资源平台里处处有我的踪影：①建立国际领先的疾病模型研制和分析技术体系，取得一系列原创技术成果；②建立疾病易感动物培育或研制技术体系、疾病动物模型研制和分析技术体系、新研制或优化的技术体系；③培育一系列面向重大临床问题和针对重要成果转化需求的疾病有替身资格"上岗证"的成员，建成国家最大的人类疾病有替身资格"上岗证"的成员资源库，通过前瞻性的资源储备保障医学研究的顺利实施。涵盖的技术包括协同重组近交技术、挪威褐鼠 PM2.5 暴露模型的建立、荧光可视化小鼠结核模型库的创建、H3N2 小鼠模型技术、免疫相关基因修饰动物系列化、白血病有替身资格"上岗证"的成员体系、病原敏感动物资源库的建立及应用、COVID-19 动物模型的建立及应用等。

1. 疾病动物模型研制技术和分析技术的创新、集成

围绕中国医学科学院创新工程、重大项目、临床问题研究需求，研制和分析疾病有替身资格"上岗证"的成员资源，建立模型评价技术和指标规范，建立药物精准的临床前转化体系，研制重要疾病动物模型十余种，模型上百种，建立国家最大、国际先进的疾病有替身资格"上岗证"的成员资源库。完成了包括 13 种重大疾病的动物模型创制，获批成为国家人类疾病动物模型资源库，完成了科研基地建设，完成了每年 300 次以上的资源共享服务。

围绕我国生物安全及传染病防控对有替身资格"上岗证"的成员的重大需求，针对潜在的新发突发传染病病原，聚焦非人灵长类动物、特色动物、免疫关键基因缺陷大小鼠、受体人源化大小鼠、遗传多样性小鼠、基础疾病有替身资格"上岗证"的成员共 6 类资源建设，进行病原敏感动物资源培育、研制、引进，并开展病原敏感动物资源的比较生物学分析及病原感染实验，建立系统的病原敏感动物资源库及病原敏感谱数据库，完成 SARS-CoV-2 感染恒河猴模型的多组学联合分析，深入阐明模型特征及致病机制，提升病原敏感动物资源的共享和支撑力度，提升突发传染病有替身资格"上岗证"的成员的应急研制能力。

科学家通力合作，共同培育了 67 个品系的遗传复杂性小鼠。并在此基础上，通过繁育技术优化，获取能有效繁育的遗传复杂性小鼠；通过微生物筛查和生物净化，获得微生物背景清洁的遗传复杂性小鼠；通过基因组测序

和基因分析，获取传染病适用的遗传复杂性小鼠，最终建立传染病研究用遗传复杂性小鼠资源库。

2. 全球首个传染病研究专用遗传复杂性小鼠资源库

通过加强与沿线国家的卫生交流与合作，提前储备突发传染病易感动物资源，可通过病原敏感品系的筛选，用于动物模型的快速建立，以最快速度建立传染病动物模型，为传染病防控和研究提供科技支撑，完善了我国传染病的创新体系，支撑我国传染病创新能力的提升，确保我国同沿线国家的卫生安全和"一带一路"国家倡议的稳定推进，具有重要的现实意义。此外，该资源库可通过病原易感基因的筛选用于病原－宿主相关作用机制研究，探寻病原感染中靶标基因，为重大传染病的防治策略研究奠定基础。

其发展前景为在现有遗传复杂性小鼠资源库的基础上，有可能将探索基于遗传复杂性小鼠的传染病研究新范式。具体研究模式分为两种：一种是使用模型病原，随机选择遗传复杂性小鼠，通过动物感染实验，了解不同遗传复杂性品系对模型病原的易感性差异，使用 Gene Miner 等软件进行易感基因分析，明确病原易感基因的名称及分布，在此基础上，进行基因功能确认和机制研究，为传染病的防治策略研究提供新的靶标；另一种是使用模式病原，选择目的基因多态性小鼠，通过动物感染实验，了解目的基因不同遗传多样性小鼠对模型病原的易感性差异，使用 Gene Miner 等软件进行易感基因 SNP 位点的分析，明确病原易感基因 SNP 的名称及分布，在此基础上，进行基因 SNP 功能确认和机制研究，为传染病的防治策略研究提供新的靶标。总之，在前期建立的遗传复杂性小鼠资源库的基础上，将确定病原易感基因定位，明确病原易感基因小鼠品系，创建基于整体研究的病原易感基因筛选的新范式，为传染病研究提供新靶点、新模型及新模式。

在此同时，获得针对结核、EV71、DENV 的易感动物品系也为后续的模型研究奠定基础，为我国周边的新发突发传染病提供易感动物资源，保障"一带一路"等国家倡议顺利进行。

3. 菌毒种库显身手

（1）菌种鉴定

按照《人间传染的病原微生物菌（毒）种保藏机构设置技术规范》（WS 315－2010）要求及实验动物国家标准的相关要求，对来源清楚的高致病性人兽共患病原微生物进行菌种鉴定，使用的方法有以下几种：①常规鉴定：形态特征，生理生化特征，病毒滴度，细菌滴度。②分子生物学鉴定：

进行载量等检测。③基因测序：病毒进行测序分析，细菌进行 16S 测序。

（2）菌种保藏

保藏目的是利用各种适宜的方法将其妥善保存，避免菌毒种出现退化或失活，在长时间内保持较高的存活率及遗传稳定性。影响微生物菌种稳定性的因素有变异、污染和死亡。菌种衰退的原因主要有基因突变、连续传代、不适宜的培养和保存条件。根据不同病原微生物的特征，采用体外传代和动物体内传代相结合，探索最适宜的低温保藏方式。

4. 全球最大假病毒库和假病毒技术平台

假病毒是有用的病毒学工具，因为其具有安全性和易获得性，特别是对新出现和重新出现的病毒。由于 SARS-CoV-2 的高致病性和传染性，以及缺乏有效的疫苗和治疗方法，活的 SARS-CoV-2 必须在生物安全三级设施中处理，这阻碍了疫苗和治疗方法的发展。在 VSV 假病毒生产系统的基础上，建立了一种基于假病毒的中和试验，用于生物安全二级设施中和抗 SARS-CoV-2 抗体的检测。对细胞类型、细胞数、病毒接种量等关键参数进行了优化。SARS-CoV-2 恢复期患者血清在抗 SARS-CoV-2 假病毒试验中显示出很高的中和效力，这突显了其作为治疗药物的潜力。建立了一种高通量的基于假病毒的 SARS-CoV-2 中和试验，并与疫苗或治疗药物的开发者分享假病毒和相关方案。

5. 病原易感物种资源扩大及保种与育种

研究团队长期从事人类替身资源的繁殖育种工作，拥有一定规模的灵长类人类替身和特种人类替身种群，以及一批经验丰富的实验饲养技术人员和完善的规章制度，保证了实验和饲养操作技术规范。依托长期积累的非人灵长类人类替身驯养繁殖成熟经验，以及雄厚的人才、硬件资源，在扩大已有人类替身繁殖饲养规模的基础上，引进新的人类替身资源，丰富人类替身资源。为医学科研项目提供质量可靠、精准有效的实验有替身资格"上岗证"的成员资源。

实现有替身资格"上岗证"的成员标准化、规模化供应。进一步完善了模型的生物学特性研究、体外受精快速繁殖技术（IVF），建立了规模化的基因型鉴定平台。对每一个建立的遗传修饰大鼠、小鼠模型，均根据基因特点，设计不同实验，进行生物学特性鉴定，包括测序、分析基因表达水平、表达谱、区分杂合子与纯合子，如果与免疫细胞有关，则分析免疫细胞缺陷程度，以确保模型质量。

利用 CC 小鼠资源筛选流感病毒 H3N2 致病相关基因、EV71 致病相关基因、结核菌致病相关基因。利用不同品系协同重组近交系小鼠进行交配繁殖，建立具有遗传多样特点的封闭群小鼠，丰富品系数量，扩大种群规模，维持小鼠品系的繁育，提高动物资源的保种育种，为其开展病原易感品系培育及研究打好基础，做好动物资源供应的规范化，拓展数据分析平台，完善协同重组近交系小鼠品系资源库，提升平台动物资源及信息的共享能力。通过开展流感病毒 H3N2、EV71、结核菌病原敏感品系的筛选鉴定工作，初步建立 CC 小鼠资源鉴定筛选疾病易感基因的方法，为之后 CC 小鼠资源在疾病易感基因筛选、机制研究甚至药物开发等方面打下基础。

疾病易感动物培育或研制技术体系包括集成疾病易感动物 SPF 化及繁育、悉生动物、人源化动物、基因编辑技术 4 类技术。新创建的协同重组近交技术，具备了在物种解剖学、生理学、复杂遗传背景、基因、病原受体、微生物状态及免疫 7 个层面系统模拟人类对疾病易感状态的能力。

具备了针对重大疾病，尤其是突发传染病，第一时间鉴定疾病易感动物，综合多项技术研制和分析有替身资格"上岗证"的成员数据，建立动物模型的能力。

七、我们需要人类尊重

人们享有众多福利，作为人类替身的我们也享有福利。

1. 和谐的自然界

人与自然的关系密不可分，动物作为自然界的成员，与人类共同享有一个地球，相互依存、相互影响，人与动物两者之间的关系不言而喻。

2000 多年前，人类对疾病的研究是在人身上做实验的，经过后来的演化论、进化论、工业革命、反应停事件、天花疫苗、脊髓灰质炎等，传染病被认知，科学家做了大量工作，系统研究用实验动物替代人类在药效性、安全性等方面的可行性，保障了人类安全。

生命科学发展最快、成果辈出的时期，都是人体实验最昌盛时期。但人体实验付出的是各种各样的悲惨后果，严重违背了医学、药学的良好初衷。随着人类文化、文明的发展，人类已经意识到人体实验的恶果和对人类社会的挑战，进而全面禁止任何形式的人体实验。

人类转而用实验动物做替身。

　　我们是动物成员中的特殊群体，从出生那刻起，命里注定要被用于生命科学，尤其是各种医学实验、疫苗安全评价等研究。作为人类的替身，以身试毒、替人类尝百草，大部分甚至付出生命，为的是使人类能够深入地理解疾病，研发疾病的预防和治疗策略，最终科学地呵护人类健康。

　　人类替身具有两大特点：一是为人类需要改变自己，似像非像原种动物，成为"病态异类"；二是由于遗传改变，原有抵抗病原的能力呈现不同程度下降，对病原谱系发生改变，更易得病。

　　我们对人类疾病的预防、治疗等做出了巨大的贡献，理应得到人们的尊重，构成和谐的自然界。

　　替身实验是医学研究的基本手段之一。医学每一次重大进展与进步，许多医学新知的获取、医疗新方法的应用几乎都与替身实验密切相关。

　　然而任何动物都存在基本的生存权利，解决替身实验产生的一系列社会问题的方式是提倡涉及我们的伦理和福利。

　　2. 提倡有益于我们的伦理和福利要求

　　一是有利于促进人类医药健康事业的发展。涉及我们的福利是影响动物的健康和质量。比如，我们的环境、营养、管理等因素可以影响动物的生理、生化、免疫、内分泌等指标，影响实验结果的准确性。

　　二是有利于促进人与动物的和谐发展。比如，人类无视涉及我们的福利问题，造成动物发病死亡，使得从事替身实验的相关人员受到经济损失，甚至感染人兽共患病，造成环境污染危害人们健康。

　　三是有利于涉及我们的行业规范发展。不仅要求我们满足科学研究的需要，还要满足涉及我们福利的要求，如立法管理。

　　涉及我们的伦理是指人类与我们相互关系中应遵循的道德和标准。人类应该如何认识动物，如何对待、利用、保护动物等。国际上在使用动物方面，总的原则是"尊重生命，科学、合理、人道地使用动物"，遵循"3R"原则，即"替代""减少""优化"。"3R"原则是总原则的具体体现如下。

　　"替代"是指尽量用其他的办法、方法替代活体动物实验，或用相对简单的动物替代复杂的动物，或用低等级的动物替代高等级的动物，以避免动物携带的病原体对人类的潜在威胁。最终理念是避免动物实验，从根本上解决动物实验带来的福利、伦理等问题。

　　"减少"是指尽量减少使用我们的数量，以免污染环境、影响公众安全。通俗地讲，只要能得出结果，说明问题，使用我们的数量越少越好。实验前在充分调研的基础上进行科学合理的设计，减少动物的使用量应根据实验目的要求，也应遵守有关的技术规范。但是，有些实验，如药品法定检验的动物数量是不允许减少的。

"优化"是在"减少""替代"的基础上，优化动物实验的所有环节，特别是动物实验方案，使动物实验高效准确，达到节省、爱护动物的目的。加强对动物疾病的监测，提高动物的生活质量，降低动物给人类带来的负面影响。

涉及我们的福利是指人类保障动物健康和快乐生存权利的理念及其提供的相应的外部条件的总和，是指我们与其环境协调一致的精神和生理完全健康的状态，包括无任何疾病、无任何行为异常、无心理的紧张、压抑和痛苦等感受状态，核心是保障我们的健康、快乐。动物的福利是和动物的康乐联系在一起的，所谓动物的康乐是指动物"心理愉快"的感受状态。我们和人类一样是有生命的生物，因此可以感受到不同程度的疼痛、痛苦，更值得人类的关注、爱护和保护。

动物福利的核心是五大自由（5F），即享有不受饥渴、生活舒适、不受痛苦伤害和疾病、无恐惧和悲伤感、表达天性的自由。

能相对自由地表达天性，是动物最本质的要求和权利，也是动物福利和伦理的首要关注点。通俗地讲，表达天性，是能让动物想干什么就干什么。

一般来说动物等级越高，其表达天性的欲望越明显。天性包括诸多方面，如能随时采食、饮水，能自由活动，能自主独处或群居，能施展本能，能享受空间，能相对选择环境，能根据喜好的方式生存等。

这里强调的表达天性，也是提倡在保证实验完成的基础上，尽可能使动物保持天性，并将因动物不满影响替身实验的程度降低到最低水平。

国际上通常的做法是，实验中要有实验动物医师代表动物发言，表达受到的伤害、痛苦等。如果程度严重，实验动物医师可以对实验提出建议、劝告、改良方法，甚至终止实验活动，其目的一是保护人类替身，二是避免不科学的实验结果。

动物福利是人类文明的标志，是建立和谐社会的需要。人必须尊重和珍惜生命，必须善待动物，重视人与所有生命的关系，人类社会才会变得文明起来。虐待动物是道德败坏的表现，残酷地对待动物会使人堕落。

动物福利是人类替身面临的一个重要问题，虐杀、滥杀、遗弃等现象依然存在。任何动物都存在基本的生存权利，科研人员就应该善待人类替身，为人类替身的健康和幸福生活负责。虐杀、遗弃人类替身都应受到社会道德的谴责。虽然中国还没有颁布动物福利法，但是人们对动物保护意识的提高，普遍会声讨违反动物福利的行为。在欧美国家，虐待、遗弃人类替身会受到《动物福利法》规定的惩罚，面临判刑入狱和巨额罚款。

善待动物就是善待人类自身。动物等有生命的机体与人类在一个相互依赖的生态系统里共存。在这个生物圈中，任何一环遭到破坏都有可能对人类造成难以弥补的损失。应尽一切可能为动物提供更多的福利。

动物福利和动物的利用是对立统一的两个方面，提倡动物福利不等于人类不能利用我们，不能做任何替身实验，应尽量保证我们享有最基本的权利，避免对我们造成不必要的伤害，合理、人道地利用我们。

保障我们的福利不仅是我们自身的需要，而且也是保证替身实验结果科学、可靠的基本要求。同时，对经济发展起着越来越显著的正向推动和反向遏制作用。

3. 动物福利和"动物权利""动物解放"有本质区别

动物福利是基于利益平衡而考虑的，"动物权利""动物解放"是基于极端思维而考虑的，观点苛刻，手段和方式极端。

即使在疫情应急研究过程中，我国进行的 SARS-CoV-2 实验模型、检测评估、感染机制、疫苗评价、防控技术、资源平台的研究，SARS-CoV-2 的比较医学系列研究，都是在实验过程中恪守着我们福利伦理的"3R"原则，实验前在充分调研的基础上，根据实验目的要求，也遵守有关的技术规范，进行科学合理的设计，减少我们的使用量。

作为健康的守护者，人们尊重每一个生命，尤其是为了人类健康而献身的我们无数大家族成员。人们在实验过程中，恪守着人类替身福利伦理的"3R"原则，尽量减少小鼠用量，尽量用其他实验材料替代，尽量优化实验设计，提高效率，不滥杀，不滥用，不虐待，减少我们痛苦，保障五大自由，用科学进步和人类的健康感谢我们的付出。

但是，有些实验比如药品法定检验的动物数量是不允许减少的。尽量减少我们用量，尽量用其他实验材料替代，尽量优化实验设计，提高效率，不滥杀，不滥用，不虐待，减少我们痛苦，保障五大自由，用科学进步和人类的健康告慰我们逝去的大家族成员的在天之灵。

4. 科学是双刃剑

科学好比社会进步的动力装置和发动机，伦理好比社会进步的方向盘和制动装置刹车闸。当科学和伦理有机地统一时才有可能真正地实现人与自然的和谐。

5. 感谢人类替身

面对如此牺牲自己的人类替身，人类应该给予它们足够的尊重。得到人们的尊重、照顾和感谢是理所当然的。同时，善待动物本身、维持动物的稳定，也是科学实验的需要。

说到纪念实验动物，不得不提到每年的 4 月 24 日"世界实验动物日（The World Lab Animal Day）"，其实人们对它并不是十分了解，甚至误用了它。

世界实验动物日是 1979 年由英国国家反活体解剖协会（National Anti-Vivisection Society，NAVS）设立的节日。之所以定为 4 月 24 日，是因为这天是 NAVS 前主席 Hugh Dowding 的生日。在欧洲和北美洲的许多城市，反对动物研究的团体在这一天会举行示威和抗议活动，而且这一节日已成为动物维权组织宣传反对利用动物研究的重要机会，并会主导媒体报道，凭借一面之词在公众心目中造成了对动物研究片面、负面的印象。那些支持研究的机构和研究人员们一直在努力应对这些事件，但是他们的声音往往被掩盖。

如何看待这些问题呢？首先，应该有良好的专业认知，对人类替身的感念，界定到"尊重和感谢"较为合适，不设定具体纪念日反而是更尊重生命的体现，尤其不适合在传统节日，诸如清明时节，进行偏离本意的"深切哀悼""隆重祭奠"等活动。

有了关护、善待和感谢人类替身的意识，就会在实验过程中同情、关护人类替身，使动物实验具有人文性、文明性和科学性，在相对舒适的、感谢的氛围中完成科学实验，同时形成良好的文化操行。

目前，科研中的动物实验尚不可能完全被替代，人类能做到的，就是具有关护动物的爱心和意识，尽力提供动物舒适的实验环境，熟练掌握实验技术，从每个环节上将可能的痛苦减到最低，积极探讨替代方法，减少或不用动物做意义不大的实验等，这些应该是感谢我们最合适的做法。

附录一　了解一下我温暖的家

一、中国实验动物学会

中国实验动物学会（Chinese Association for Laboratory Animal Sciences，CALAS）是我国广大实验动物科技工作者的学术组织，经民政部批准于1987年成立。中国实验动物学会是在中国共产党领导下的由中国实验动物科学技术工作者自愿组成的学术性、全国性、非营利性的社会组织，是党和政府联系实验动物科学技术工作者的桥梁和纽带，是发展我国实验动物科学事业的重要社会力量。中国实验动物学会是中国科学技术协会的团体会员单位，2016年加入中国科协生命科学学会联合体，被民政部评为AAAA级学会。是国际实验动物科学理事会（ICLAS）成员、亚洲实验动物学会联合会（AFLAS）发起者及成员。

中国实验动物学会的业务范围：

（一）开展国内外实验动物科学技术的学术交流，编辑出版实验动物学术期刊、图书资料及电子音像制品，编制和发布实验动物学科、科技和产业发展战略研究报告。

（二）开展民间国际科技交流活动，促进国际科技合作，发展与国（境）外实验动物团体和科技工作者的联系和交往。

（三）开展对会员和实验动物科技工作者的知识技能培训和岗位培训、专业继续教育等工作。

（四）依照有关规定经批准，开展本领域的优秀科技成果、论著和科普作品，以及有突出成绩和贡献的专业人士的评选和表彰；开展对会员和实验动物科技工作者的职业资格评审和认证工作；承担成果鉴定、技术评价和技术标准制定。

（五）反映会员和科学技术工作者的建议、意见和诉求，维护会员和实验动物科技工作者的合法权益，促进科学道德和学风建设。

（六）弘扬科学精神，普及科学知识，传播科学思想和科学方法；捍卫科学尊严，推广先进技术，开展青少年科学技术教育活动，提高全民科学素质。

（七）开展科技论证、项目评估、咨询服务。

（八）促进本领域科技成果转化，促进产学研相结合，促进行业科技进步，为建立以企业为主体的技术创新体系、全面提升企业的自主创新能力做贡献。

（九）对国家科技政策、法规制定和国家事务提出科技建议，推进决策的科学化、民主化。

（十）兴办符合学会章程、服务于会员、有利于促进国家科技经济社会发展的公益事业。

中国实验动物学会主办的《中国实验动物学报》《中国比较医学杂志》均被列入"中国科技论文统计源期刊"和"中文核心期刊"。*Animal Models and Experimental Medicine* 是本领域在国内首个英文期刊，被 PMC、CSCD、DOAJ、中国知网、万方数据等多个国内外重要数据库收录。

中国实验动物学会致力于科学知识的普及，注重传播科学精神、思想和方法，推广先进技术，帮助和指导提高我国实验动物质量和动物实验的科学水平。其拥有一支由热心于科普事业的院士、专家、学术骨干、青年科技精英组成的专兼职科普工作团队和一支科技志愿者服务队伍，秉承"弘扬科学精神、普及科学知识、传播科学思想、提升科学素质"的科普服务宗旨，"助推元科普，前沿科学科普化"的理念，以智力与技术高度密集的优势为先导、专业为基础、科研为优势及"五化"（组织国队化、科研国际化、教研一体化、信息全球化、管理现代化）为特色，同时充分发挥专家云集、人才荟萃、信息畅通、联系广泛的整体优势，积极开展科普活动，及时普及重大科技成果，大力弘扬科学家精神，加强科研诚信和科技伦理建设，展示科技界优秀典型、生动实践和成就经验，培育公众特别是青少年的科学思维，宣传高水平科技自立自强的重大意义，涵养优良学风。

二、中国医学科学院医学实验动物研究所

中国医学科学院医学实验动物研究所（以下简称动研所）成立于1980年，是国家级实验动物学和比较医学的科研与教学机构，主要从事实验动物

学、比较医学基础和应用研究,以新型实验动物资源和技术研究为基础,通过不同物种动物与人类疾病的医学实验和比较医学研究,阐明疾病本质、促进成果转化、服务于人类健康事业。

动研所是集实验动物和疾病动物模型资源创制、保种、生产供应、比较医学技术研究及实验动物技术培训于一体的研究单位,是全国实验动物质量检测中心和卫生部质量检测中心的挂靠机构,负责对全国的质量检测分中心提供技术支持和监督;是国家级传染病防治和新药创制研究项目的实验动物技术平台承担单位。

动研所是国家级传染病和新药创制研究的实验动物技术资源库的承担单位,拥有的国家卫生健康委员会人类疾病比较医学重点实验室是建立我国最全面的重大传染病、心脑血管疾病、神经退行性病变、肿瘤、代谢病和老年病动物疾病模型基地和资源共享基地。拥有国家中医药局三级实验室、新发再发传染病动物模型研究北京市重点实验室、北京市人类重大疾病实验动物模型工程技术研究中心,并于 2020 年经批准建设国家人类疾病动物模型资源库。

动研所建有 5 个科研中心,分别是实验动物资源研究中心、比较医学研究中心、病原实验研究中心、医学转化研究中心和现代化中医药动物模型辩证研究中心,下设 20 多个课题组,主要研究领域包括:①实验动物和动物模型的培育和研制技术,基因工程动物模型研制,人类疾病动物模型的研制;②以动物模型为基础的人类重大慢性病和传染病的比较医学研究,以及医学转化研究;③实验动物质量检测技术研究。

动研所是中国实验动物学会、全国实验动物标准化技术委员会的依托单位,主办两本中文双核心期刊《中国实验动物学报》《中国比较医学杂志》,以及我国实验动物学领域唯一的英文期刊 *Animal Model and Experimental Medicine*,拥有亚洲国际实验动物科技人才培训基地。

附录二　认识一下我挚爱的朋友

我的朋友遍天下，疫情期间我和朋友携手联合、共同抗疫，为人类生存发展取得巨大贡献，这里只介绍一下与我的替身生涯有交集的挚爱朋友。

抗疫，奇迹。

战争来了，人民解放军冲在最前面，保家卫国；

火灾来了，消防人员冲在最前面，抢险救灾；

疫情来了，科研、疾控人员冲在最前面，护生保命。还有鲜为大众所知的应急生物安全科技攻关团队。

他们都是新时代最可爱的、最美的人。

该研究团队是我国实验动物、生物安全研究的主力，平时积极储备研究，默默无闻，一旦新发传染病来临，立即投入抗疫一线。

不清面孔，难忘妆容；平凡工作，非凡其中；前沿抗疫，幕后英雄。

带头人秦川教授，身为一名中国共产党党员和有责任担当的科学家，国家危难时刻挺身而出，巾帼不让须眉，不顾个人安危，以身作则，率先冲在高危最前面。她高度重视此次疫情，亲自指挥部署，第一时间组织专家团队，带领团队加速进行新冠病毒有替身资格"上岗证"的实验动物成员的研发，全力投入到这场人类与病魔的战疫中。为了与疫情赛跑、与病魔争速，她没有休息过一天，连元旦、春节也不例外，每天超负荷、连续工作十七八个小时，为的是早一天研制出模型、早一天问世疫苗和药物、早一天挽救更多人的生命。在她的带领下，团队经过奋战，跑出了战疫加速度，成功建立了 hACE2 转基因小鼠模型和实验猴模型，并开展药物筛选，再次创造了有替身资格"上岗证"的成员应急研制历史上的奇迹，涌现出一批抗疫英雄。

2019 年末，新冠疫情暴发，我国遭遇了新中国成立以来历史上最严重的传染病疫情。

自 2019 年 12 月 31 日起，科技攻关团队成员披挂整齐，一直连续奋战同时间赛跑，他们面容疲倦憔悴，但目光冷峻坚定、脊梁挺得笔直。在他们肩上，扛着早日筛选出安全有效疫苗和药物、拯救民族于危难的重任。为了全力完成任务，团队成员有人舍下新婚的伴侣，只能对着屏幕诉说心中思念；有人一次次推迟手术日期，承受着病体折磨；有人将需要照顾的小孩和老人，含泪托付给亲戚；有人临近退休，却坚持站好最后一班岗。

他们舍小家顾大家，心怀国家，主动穿上厚重的战衣，在负压的生物安全实验室内，面对世界上最高浓度的病毒，以及比患者更危险的感染动物，战斗在最危险地方，忘我付出，浑然不顾个人安危不怕牺牲，投身到抗疫一线。在他们身上并没有一线医护人员的光环和待遇，只有默默无闻，付出却不谈及回报，用智慧和技术攻坚克难工作，却不贪图成功的荣耀与花环，用实际行动展现了国家科研团队"大国重器""顶梁柱"的使命担当。彰显出特别能吃苦、特别能战斗、特别能奉献的新时代铁军精神。

科研定位在国家应急生物安全科技攻关而无名分的团队，凭着扎实和优秀的工作基础、资源积累、技术平台、探索和科学精神，以智力与技术高度密集的优势为先导，专业为基础，科研为优势，以及"五化"为特色，即组织国队化、科研国际化、医教一体化、信息全球化、管理现代化，同时充分发挥专家云集、人才荟萃、信息畅通、联系广泛的整体优势，以创新的形式和内容为国家、社会、大众服务，攻坚克难，攻下了一个又一个堡垒。

2020 年 1 月 29 日，成功建立了人冠状病毒受体 ACE2 人源化的转基因小鼠模型。

2 月 5 日，为了全国科学家早一天能用上对 SARS-CoV-2 敏感的转基因小鼠，将小鼠精子提供给两家企业，将天价的宝贵资源无条件、无协议的社会化。

2 月 14 日，成功建立了恒河猴模型。

2 月 18 日，两种模型顺利通过了科技部组织的专家鉴定。专家组一致认为率先成功建立的两种有替身资格"上岗证"的成员，丰富了对病因和病理学的认识，也为研究病原特性、致病机制、传播途径、药物和疫苗评价等搭建了关键技术平台。成员立即用于应急药物筛选、疫苗评价和传播途径研究。

3 月 17 日，国务院联防联控机制召开新闻发布会介绍药物疫苗和检测试剂研发攻关最新情况。秦川教授介绍了有替身资格"上岗证"的成员发挥的巨人作用.一是明确了病毒传播途径，并且实验结论纳入卫健委COVID-19 诊疗方案第六版；二是用于药物筛选，很快筛选到了有效成药，并用到临床救治中；三是验证疫苗有效性，目前已有 8 种疫苗通过此模型进行有效性评价，部分疫苗的有效性评价工作已经完成。

团队首个完成了国务院联防联控机制科技攻关组部署的应急项目，是国家科技攻关战役中首个告捷的研究团队，促进了全球首批动物模型的建立，突破了药物和疫苗从实验室走向临床的瓶颈，使临床救治看到胜利的曙光。

该科技攻关团队成立于 SARS 之时，一直是"国家队"。曾成功建立了第一个 SARS 动物模型，参与研发了第一个灭活疫苗，创建了人类疾病的比较医学方法，这些方法成功应用于此后的禽流感、EV71、甲流、H7N9 等历次疫情防控，为国家疫情防控做出了巨大贡献。

3 月 27 日，国家动物模型资源共享信息平台正式建立，并持续发挥重要作用。

附录三　参考文献

[1] Zhu, N. , et al. , A Novel Coronavirus from Patients with Pneumonia in China, 2019. New England Journal of Medicine, 2020.

[2] Wang, C. , et al. , A novel coronavirus outbreak of global health concern. The Lancet, 2020.

[3] Lu, R. , et al. , Genomic characterisation and epidemiology of 2019 novel coronavirus: implications for virus origins and receptor binding. The Lancet, 2020.

[4] Yang XH, et al. , Mice transgenic for human angiotensin-converting enzyme 2 provide a model for SARS coronavirus infection. Comp 2007 Oct; 57 (5): 450 – 9.

[5] Schaecher SR, et al. An immunosuppressed Syrian golden hamster model for SARS-CoV infection. Virology. 2008 Oct 25; 380 (2): 312 – 21.

[6] Roberts A, et al. Animal models and vaccines for SARS-CoV infection. Virus Res. 2008 Apr; 133 (1): 20 – 32.

[7] Sia SF, et al. Pathogenesis and transmission of SARS-CoV-2 in golden hamsters. Nature. 2020 Jul; 583 (7818): 834 – 838.

[8] Chan JF, et al. Simulation of the clinical and pathological manifestations of Coronavirus Disease 2019 (COVID-19) in golden Syrian hamster model: implications for disease pathogenesis and transmissibility. Clin Infect Dis. 2020 Mar 26: ciaa325.

[9] Garigliany M, et al. SARS-CoV-2 Natural Transmission from Human to Cat, Belgium, March 2020.

[10] Ruiz-Arrondo I, et al. Detection of SARS-CoV-2 in pets living with COVID-19 owners diagnosed during the COVID-19 lockdown in Spain: A case of an asymptomatic cat with SARS-CoV-2 in Europe. Transbound Emerg Dis. 2020 Aug 18.

[11] Shi J, et al. Susceptibility of ferrets, cats, dogs, and other domesticated animals to SARS-coronavirus 2. Science. 2020 May 29; 368 (6494): 1016 – 1020.

[12] Qin C, et al. , An animal model of SARS produced by infection of Macaca mulatta with SARS coronavirus. J Pathol. 2005 Jul; 206 (3): 251 – 9.

[13] Chen Y, et al. Rhesus angiotensin converting enzyme 2 supports entry of severe acute respiratory syndrome coronavirus in Chinese macaques. Virology. 2008.

［14］ Bao L, et al. The pathogenicity of SARS-CoV-2 in hACE2 transgenic mice. Nature. 2020 Jul；583（7818）：830－833.

［15］ Bao L, et al. Transmission of Severe Acute Respiratory Syndrome Coronavirus 2 via Close Contact and Respiratory Droplets Among Human Angiotensin-Converting Enzyme 2 Mice. J Infect Dis. 2020 Jul 23；222（4）：551－555.

［16］ Deng W, et al. Primary exposure to SARS-CoV-2 protects against reinfection in rhesus macaques. Science. 2020 Jul 2：eabc5343.

［17］ Deng W, et al. Ocular conjunctival inoculation of SARS-CoV-2 can cause mild COVID-19 in rhesus macaques. Nat Commun. 2020 Sep 2；11（1）：4400.

［18］ Yu P, et al. Age-related rhesus macaque models of COVID-19. Animal Model Exp Med. 2020 Mar 30；3（1）：93－97.

［19］ Deng W, Xet al. Therapeutic efficacy of Pudilan Xiaoyan Oral Liquid（PDL）for COVID-19 in vitro and in vivo. Signal Transduct Target Ther. 2020 May 8；5（1）：66.

［20］ Yunlong Cao, et al. Potent Neutralizing Antibodies against SARS-CoV-2 Identified by High-Throughput Single-Cell Sequencing of Convalescent Patients' B Cells. Cell. 2020 Jul 9；182（1）：73－84. e16.

［21］ Shuo Du, et al. Structurally resolved SARS-CoV-2 antibody shows high efficacy in severely infected hamsters and provides a potent cocktail pairing strategy. Cell. 2020 Nov 12；183（4）：1013－1023. e13.

［22］ Gao Q, et al. Development of an inactivated vaccine candidate for SARS-CoV-2. Science. 2020 Jul 3；369（6499）：77－81.

［23］ Hui Wang, et al. Development of an Inactivated Vaccine Candidate, BBIBP-CorV, with Potent Protection against SARS-CoV-2. Cell. 2020 Aug 6；182（3）：713－721. e9.

［24］ Lianpan Dai, et al. A Universal Design of Betacoronavirus Vaccines against COVID-19, MERS, and SARS. Cell. 2020 Aug 6；182（3）：722－733. e11.

［25］ Jingyun Yang, et al. A vaccine targeting the RBD of the S protein of SARS-CoV-2 induces protective immunity. Nature. 2020 Oct；586（7830）：572－577.